梦想
烘焙师

谭海彬 主编

黑龙江科学技术出版社
HEILONGJIANG SCIENCE AND TECHNOLOGY PRESS

图书在版编目（CIP）数据

梦想烘焙师 / 谭海彬主编 . -- 哈尔滨：黑龙江科学技术出版社，2019.6
ISBN 978-7-5388-9418-9

Ⅰ . ①梦… Ⅱ . ①谭… Ⅲ . ①烘焙－糕点加工 Ⅳ . ① TS213.2

中国版本图书馆 CIP 数据核字 (2019) 第 024378 号

梦想烘焙师

MENGXIANG HONGBEISHI

谭海彬 主编

项目总监 薛方闻
责任编辑 梁祥崇 许俊鹏
策　　划 深圳市金版文化发展股份有限公司
封面设计 深圳市金版文化发展股份有限公司
出　　版 黑龙江科学技术出版社
地址：哈尔滨市南岗区公安街 70-2 号 邮编：150007
电话：（0451）53642106 传真：（0451）53642143
网址：www.lkcbs.cn
发　　行 全国新华书店
印　　刷 深圳市雅佳图印刷有限公司
开　　本 720 mm × 1020 mm 1/16
印　　张 13
字　　数 200 千字
版　　次 2019 年 6 月第 1 版
印　　次 2019 年 6 月第 1 次印刷
书　　号 ISBN 978-7-5388-9418-9
定　　价 45.00 元

前言
PREFACE

小时候的我们总是有很多梦想：想当一名军人，保家卫国；想当一名老师，甘做辛勤的园丁；想当一名天文学家，探索宇宙中不曾揭晓的奥秘。慢慢地，我们长大了，梦想于我们而言渐行渐远，但又好像隐隐藏在心中，时常呼唤自己。

梦想究竟是什么？是野心？是目标？还是只是动力而已？回头看看我们走过的路，有多少决定是和梦想相关，有多少执着在为梦想坚持。其实我们每天都要跨步向前走，有梦想的人只是多想一点怎么走，或许会有走错的时候，但是他们永远不介意多走一步，尽管道路缓慢而曲折，但他们最终会走向梦想的正途。

梦想本来就是不断修正的过程，没有人知道它的终点在哪里。

细细品读谭老师的烘焙经历，从最初学习烘焙时的迷茫，到初尝烘焙带来的甜蜜，到最后努力成为自己心目中的烘焙师，这一路有辛酸，有曲折，有常人无法理解的艰辛。或许是需要足够的耐力才能抗得住压力，或许在他心中这些是必要的结果。

有梦想的人总是会触及身边人的成长，当然最快成长的那个人该是他自己。也许有人说做烘焙并不是什么大的梦想，按常理来说，确实如此。对于常人来说，烘焙确实不是什么大理想，也不是惊天动地的大事件。但是烘焙是一件人情味较浓的事情，它能温暖一些人，感动一些人，想到这些温暖，这些感动，就足以让你一直欣慰下去，一直为你的梦想而坚持着。

如果你是一个温暖的人，带着一颗温暖的心，梦想着成为一名烘焙师，用美食点亮他人的心，那么就跟随谭老师的梦想脚步，慢慢走过来吧！这里有你想听的故事，这里有你想吃的美食，一步一个脚印，带你、教你用美食温暖身边人。回想到最初因你的甜点而感动的人，你会一直欣喜下去，不断地创造梦想，只为最初的感动。

[目录 CONTENTS]

打开烘焙的大门

邂逅饼干，一场不期而遇的精彩

遇见面包，朝夕“香”伴的美好

相逢甜点，柔情蜜意的幸福

偶遇蛋糕，忘不了的浪漫记忆

PART 1

打开烘焙的大门

初接触烘焙，内心总是有点小忐忑，想要立刻做出好看又好吃的小甜点，但同时又害怕做得不好。不要忧心，学好烘焙并不难，理论知识要备全。本章带你打开烘焙的大门，认识基础工具，了解基础材料，掌握基础技巧，从行动上克服心理障碍。

烘焙，是一种修行

“如果你没有选择烘焙，现在已经是公司的高层了吧？”老友致电闲聊，怅然地提到这一句，问我是否觉得遗憾，听口吻，他比我还可惜。

几年前，我辞掉了一个外人看来还不错的职位。同事们都在猜测我又博得了什么新的大好机会，我却转身入了

烘焙这个“坑”。

“你竟然当了一名厨子……”大家都跌破了眼镜，唏嘘不已。他们在茶余饭后谈论着，摇着头表示叹息，跟别人讲述一个急流勇退的故事：有这样一个人，在尔虞我诈的职场争斗累了，愤而转身，迷上了做蛋糕、面包，在食物里寻找慰藉。

也有人说，你是个高材生，读了那么多年书，积攒了那么多职场经验，结果当了厨子，统统白费了。

其实，人这一辈子，在何时作出何种决定，都是注定的。当你确定了一个目标，它仿佛就在远方吹起了号角，像有魔力一样引诱你向前，使你无法拒绝。而人之所学，所见，所闻，所获，也都是绵延持续的，往前看，身后走过的每一步，都不是白费。那些经历，都化作我们的阅历，在潜移默化中影响着我们。

我没有试图去解释，人生之旅，原本就是各有各的朝圣路，各有各征途，各有各归宿。烘焙对于我，不是逃避时躲进来的世外桃源，而是深思熟虑后听凭内心的选择。人生苦短，按捺自己的真实渴求太久了，再不按照自己的心走，就真的来不及了。

我一头扎进工作室中，摸惯了电脑鼠标的手，开始与各种烘焙道具和食材为伍，揉和，搓圆，切割，烘烤……我觉得，一天中最神圣的一刻就是洗净双手，走进操作间的那一刻，远比在生意场上挥斥方遒更让我心神荡漾。我埋头看了许多烘焙的书，计划明年去欧洲游学，亲密接触更多甜品。

在职场的时候，我听过的最多的话就是，我累了。我累了，准备辞职去拉萨、大理、丽江、香格里拉……烘焙会不会累呢？当然也会。当一次次尝试，总也做不出满意的成品，当绞尽脑汁，找不到新的灵感的时候，内心也会烦躁，愤怒，自我怀疑，觉得是不是选错了路，我根本不是这块料？

我甚至也会因此发愁到夜夜失眠，像个刚入职场的雏鸟。

做喜欢的事情，就能够快乐度过时间，轻松赢得胜利吗？不能。我们还是会痛苦，会深感无能。做喜欢的事情只是一种正向激励，而我们仍旧需要努力，来与内心的焦灼无限对抗。

没有谁的生活是容易和随意的，无论置身什么场景，都会遇到不同的忧愁和烦恼。我告诉自己，我之所以不顺利，只是因为还未找到与烘焙相处的最好方式，我的灵感和天赋还没有得到最大的释放，巨大的快乐正等待我去挖掘。

要找到生活的驱动力，就要拥有一个目标并且努力靠近。当我将“成为一位伟大的烘焙师”作为目标时，就认定一切困难都是可以克服的，我愿意享受烘焙的过程，包括一时成功的喜悦和一时挫败的焦虑。困境都是一时的，没什么解决不了。有一次，我尝试将白巧克力元素加入一种新的甜品中，足足失败了十多次，最终还是通过改良方式，让白巧克力与甜品完美搭配起来。

随着人的成长，选择总是越来越难。我也未能免俗，偶尔也会想，如果当时选择了另外一条路，是不是会走得轻松一些，也远一些？我是不是失去了一个很好的机会？

可是，人生终归是有得有失的过程，选择一些，就要放下一些。

实际上，我更相信幸福和幸运都是一种技能。拥有了这种技能的人，不管做什么都不会太差，因为他们知道如何利用优势，扭转时局，他们是果断的行动派。相反，如果一直患得患失，瞻前顾后，评估着每一条路的凶险、每一个选择的利弊，畏缩不前，这样的话，无论选择了哪一条路，估计都会做得很差。

我们缺乏的不是技能，而是孤注一掷的勇气，缺乏勇敢地选择一条路并走到底的坚持。

在上学的时候，我特别喜爱一位人文学老教授的课。他是一个有趣的人，讲的是世界史，历史和人文在他的口中，就像一块诱人的蛋糕，充满了吸引力。有几次，老教授怅然地跟我说，他很想去实地研究古埃及、古罗马文明，等不出书了，就写公众号，晒朋友圈，用年轻人时髦的句子去写作，做一个世界史领域的“老网红”，让年轻人也能亲近历史，发现历史的魅力。

去年，忽闻老教授去世的消息。他患了肺癌，确诊时已是中晚期，趁家人不注意的时候，从医院29楼病房窗口一跃而下，永别了世界，去天堂追求他的世界史了。我暗自难受了很久，还记得决定辞职入行烘焙时，还给老教授发过邮件，相约结伴去欧洲，他去研究历史，我去学习甜品。

一生，我们会与很多人说再见。我们也许不知道，已经与很多人见了最后一面。或许每个人都有一些未竟的梦想，而我们不用总一遍遍说将来，有些错过真的就是一生。

不管此刻的你已经在追逐明确的梦想，还是暂时陷于迷茫，我能给的建议是，一定不要敷衍，不要拖延。就像制作一个最简单的面包，初次发酵的时候你觉得差不多就好，这一敷衍，影响到面团的质量，影响到面包的成型，成品当然不会理想。

烘焙是一场修行，就如人生，每一个认真的当下，共同成就了一个伟大的作品——我的面包，我的人生。

那些甜品，那些店，那些小故事

刚开始学习烘焙的时候，我陆陆续续添置了很多工具，还交了各种烘焙学费，耗资不小。好像，当我们下定决心去做一件事情的时候，总是从买买买开始。决心去学游泳，先买漂亮的泳衣和泳帽；决心去跑一场马拉松，先配备跑鞋等装备；决心去摄影，“摄影穷三代”的时代就开始了。

实际上，这也是一种生活的仪式感。当然，也有很多决心，在仪式感之后不久就偃旗息鼓了。比如，我的储物间里的吉他就已经蒙了灰尘，在吉他的旁边，还有我很久不用的健身器材。

还好，我把烘焙坚持下来了，这其中，当然也有无数次的动摇和坚持，这也跟自己投入了大量的金钱和时间有

关——倘若再半途而废，这些也就都白费了，我怎么舍得？

前几天，重听陈奕迅的《最佳损友》，颇有感触。很多旧知己都在不知不觉中，莫名其妙就失散了。不只老友，很多人很多事很多感觉，都是如此，随着岁月流转，就散落在时光里找不到了。因而我觉得，生活中是需要这样一些仪式感的，起码当回忆重新启动的时候，能够清晰记得那些决定的瞬间和那些瞬间的意义。

入门烘焙后，每当我走在路上，就会特别注意那些甜品店，从店铺名字到装修风格，再到甜品的款式。与连锁店相比，我更喜欢小众一点的甜品店，能够从各种元素中推敲出这家主人的大致轮廓，TA的性格，甚至是TA的经历。

一家店，一道甜品，其实都是人生的折射和缩影。

一个人，一生会浓缩出无数的小故事。

在杭州，我见过一家“张小姐的店铺”。张小姐是个活泼、爱热闹的短发姑娘，喜欢抱着一只慵懒的猫跟客人们聊天，什么都能聊两句。店铺后面就是操作室，有时来了兴致，张小姐会洗净手，换上工作服，现场制作一些精致的小甜点。操作室里的她，安静专注，与平时判若两人。

做蛋糕的时候，她断然不会使用很多甜品店里都会选择的浓缩柠檬汁，坚持使用新鲜的柠檬榨汁，除了稳定蛋白、去蛋腥，还能让蛋糕中凝聚着一股清香。

处女座的张小姐，对每一道食材都保持严格的态度。她觉得，每一道食材都有自己的优势，而烘焙，就是要将每一道食材的优势放大到最好的程度。“从小老师就教我们‘补短板’，莫偏科，非得把每个学生都教育成中庸派，我却不这么觉得。”张小姐觉得，人如若能够有一处“长板”，把“长板”发挥到极致，便是最好了。

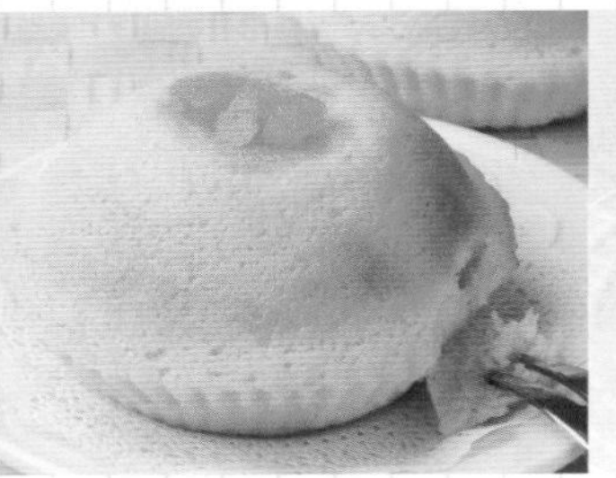

张小姐自小成绩不好，是如何都开不了窍的那种。初中老师甚至偷偷喊来她的父母，暗示他们是不是要带女儿去检查一下智商。人人都以为张小姐的一辈子也就那样了，可她逐渐在烘焙上展露出难得的才华，高中就辍学，专门去学习烘焙，逐渐小有名气。

好的烘焙师，在生活上也是一把好手，张小姐把自己的长处也发挥到了极致。

每一个热爱烘焙的人，心里都有特别的温柔。在广州，我曾路过一家甜品店叫“糖小喵”，墙壁上写了一行字——唐先生，我在这里开了一家店等你。这背后，不知又藏着怎样的一段故事，是温暖还是凄婉。不知那位唐先生，会不会有一天突然地出现在这家等他来的店，让故事延续下去。还是会永久消失，让甜点的等待永远无处安放。

等待，是一件冷暖自知的事。等得到，皆大欢喜；等不到，一次次黯然神伤。我越来越倾向于去做一些能够掌控的事情，当我把成型的面包放进烤箱，已有九成的把握，我将得到一个不错的面包。对技能而言，大多数时候，付出即会有所收获，你认真对待一个面包的制作，它当然会用美味回报你，都在可控的范围内。不像感情，一旦错付，再努力付出都是枉然，应该立即止损。

很多年轻人，尤其是职场年轻人，都会想开一家小店，觉得小资很酷，又不用受老板的气。然而事物总是两方面的，光鲜的

正面，和光鲜的背面。背面是，开一家店所要操的心，费的力气，不亚于同时做三份工。区别在于，你终于没有一不开心就辞职不干的资格了，因为你在给自己打工。

而我正在迎难而上，开始张罗属于自己的一家店铺了。光前期的选铺面，就已经让人煞费苦心，跑遍大街小巷选址，跟房东无数次谈判，一次次拒绝，装修和设备的采购，每一个环节都需要做到仔细。

一天到晚跑下来，经常累得精疲力尽，但只要想到自己也正在朝着目标靠近，这样饱含期待的等待，也是一种幸福吧。

每一道甜品的最大荣耀，就是在被人们认定为一种美食的享受的那一时刻。这同时也是烘焙师最大的荣耀。我想将自己遇到、听到、见到的故事，都融入各式各样的蛋糕、面包和甜点里，给它们取一个美丽的名字，让美味把这些故事都传递出去。也想让将来的朋友们，无论只是路过，还是店里的常客，都愿意在这里吃一道美丽美味的甜品，想一想，讲一讲自己的故事。

1 烘焙基础工具

想要学好烘焙，就要先认识烘焙中所涉及的工具。在做烘焙的时候，正确使用工具能够让我们取得事半功倍的效果。本节详细说明了烘焙工具的使用方法来帮助烘焙者正确理解和使用。

烤箱

烤箱在家庭中使用时，一般情况下都是用来烤制一些饼干、点心和面包等食物。烤箱是一种密封的电器，同时也具备烘干的作用。

刮板

刮板造型小巧，是制作面团后用来刮净盆子和面板上剩余面团的工具，也可以用来切割面团及修整面团的周边。

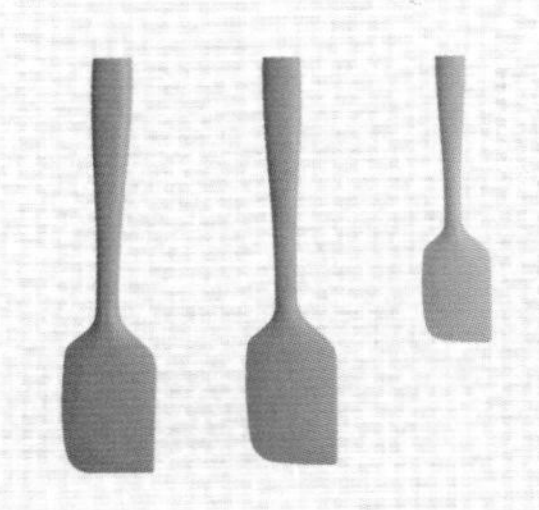

刮刀

厨房所用刮刀一般由多种材质制成，包括不锈钢、ABS树脂等，手感光滑，使用方便。刮刀的手柄还可以用来轻松打开罐装的盖子。一般食品的刮刀主要用于刮取罐装食品里面的食物以及制作烘焙糕点。

裱花袋

裱花袋是用于装饰蛋糕的工具，一般为透明的胶质袋。将制好的烘焙材料装入其中，在其尖端剪下一角，就能够挤出烘焙所需材料的形状了。

手动打蛋器

手动打蛋器是烘焙时必不可少的工具之一，可以通过打发蛋白、黄油等来制作一些简易小蛋糕，但使用时较费时费力。

电动打蛋器

电动打蛋器包含一个电机身，还配有打蛋头和搅面棒两种搅拌头。电动打蛋器可以使搅拌的工作变得更加方便，使材料搅拌得更加均匀。

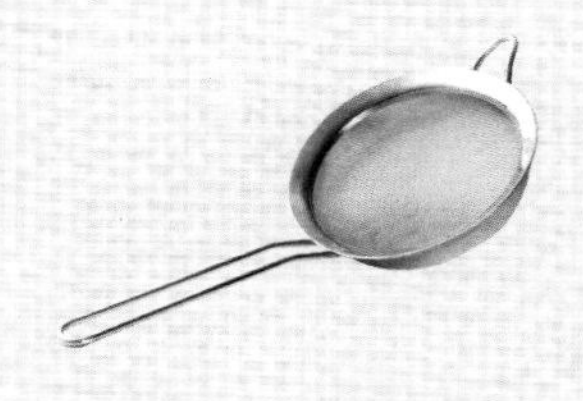

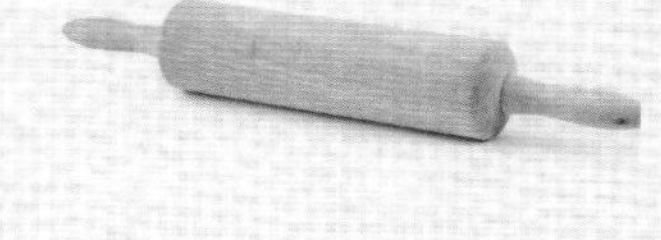

面粉筛

面粉筛一般由不锈钢制成，是用来过滤面粉和其他粉类的烘焙工具。面粉筛底部呈漏网状，可以用来过滤面粉中颗粒不均的粉类，使烘焙出来的成品口感更加细腻。

擀面杖

擀面杖是一种用来压制面条、面皮的工具，多为木质。

电子秤

电子秤又叫电子计量秤，适合在西点制作中用来称量各式各样的粉类（面粉、抹茶粉等）、细砂糖等需要准确称量的材料。

玻璃碗

玻璃碗是指玻璃材质的碗，主要用来放置食物材料，同时也可以用来装盛打发的鸡蛋或搅拌的面粉、砂糖、油和水等。制作西点时，至少要准备两个以上的玻璃碗。

温度计

温度计是一种测量温度的仪器。测量固体、液体和气体所用的温度计是不同的，有水银温度计、煤油温度计、气体温度计等。厨房一般用针式探头式温度计来测量面粉等薄质食品的温度。

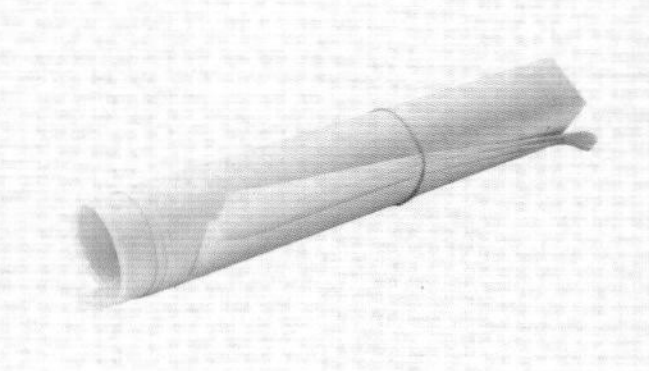

高温布

高温布又称烘焙油布，是一种很方便的烘焙工具，具有防粘防油的特点，其耐温范围高，常规耐温-70℃～260℃，最高可达380℃。食物在其上烘焙时，水、油不会溶解其中的物质，也不会因高温熔化而析出毒素物质。

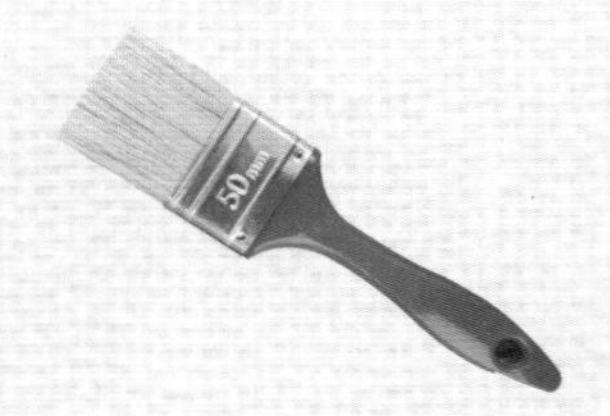

毛刷

毛刷是制作主食时用来刷液的工具，尺寸比较多样。在做点心和面包的时候，为增加食物的光泽度，就需要在烘焙之前给食物刷一层油脂或蛋液。

裱花嘴

裱花嘴是搭配裱花袋使用的工具，其花式形状各异、大小不一。在制作泡芙、挤花饼干时需要用到。

方形烤盘

方形烤盘一般是长方形的，钢质或铁质的都有，可用来烤蛋糕卷、方形蛋糕等，还可以用来做方形比萨以及饼干等。

2 烘焙基础材料

烘焙的基础材料很多，对于刚接触烘焙的人来说，总是会犯各种小错误，品种繁多的粉类、乳制品、糖类让人应接不暇。不过别急！本节就为你一一介绍烘焙过程中常见的基础材料，让我们慢慢去认识它们吧！

高筋面粉

高筋面粉的蛋白质含量在12.5%～13.5%，色泽偏黄，颗粒较粗，不容易结块，容易产生筋性，适合用来做面包、千层酥等。

低筋面粉

低筋面粉的蛋白质含量在8.5%以下，色泽偏白，因为低筋面粉没有筋力，所以常用于制作蛋糕、饼干等。如果没有低筋面粉，也可以按75克中筋面粉配25克玉米淀粉的比例来代替低筋面粉进行配置。

中筋面粉

中筋面粉就是普通面粉，蛋白质含量在8.5%～12.5%，颜色为乳白色，粉质半松散，多用于中式点心的制作。

糖粉

糖粉是白色粉末状物质，颗粒极其细小，含有微量的玉米粉，直接过滤以后的糖粉可用来制作点心和蛋糕。

植脂鲜奶油

植脂鲜奶油也叫作人造鲜奶油，大多数含有糖分，比牛奶浓稠。通常将其打发后装饰在糕点上。

动物淡奶油

动物淡奶油又叫作淡奶油，是由牛奶提炼而成的，本身不含有糖分，白色如牛奶状，但比牛奶更为浓稠。打发前需要放冰箱冷藏8 小时以上。

色拉油

色拉油是由各种植物原油精制而成的。制作西点时用的色拉油一定要无色且无味的，如玉米油、葵花油、橄榄油等，而且最好不要使用花生油。

细砂糖

细砂糖是经过提取和加工以后所形成的结晶颗粒较小的糖。适当食用细砂糖有利于提高机体对钙的吸收，但不宜多吃，糖尿病患者忌吃。

泡打粉

泡打粉又称发酵粉，是一种膨松剂，一般都是由碱性材料配合其他酸性材料，并以淀粉作为填充剂形成的白色粉末。

酵母

酵母是一种天然膨大剂，它能够把糖发酵成乙醇和二氧化碳，属于比较天然的发酵剂，能够使做出来的包子、馒头等味道纯正。

片状酥油

片状酥油是一种浓缩型的淡味奶酪，其颜色形状类似黄油，主要用来制作酥皮点心。

黄油

黄油是由牛奶加工而成的，只要将牛奶中的稀奶油和脱脂乳分离后，使稀奶油成熟并经过搅拌就形成了黄油。

牛奶

味道甘甜，含有丰富的蛋白质、乳糖、维生素、矿物质等，营养价值极高。

白奶油

白奶油是将牛奶中的脱脂成分经过浓缩而得到的半固体产品，色白，奶香浓郁，脂肪含量较黄油的低，可以用来涂抹在面包或馒头上。

3 烘焙基本技巧

黄油的软化与打发

黄油是一种固体油脂，如果长期存放在冷冻室中，会变得极其坚硬。因此我们在打发黄油之前，需要把黄油软化。黄油打发是指通过搅打使黄油逐渐膨胀的过程。黄油与其他材料混合打发之后，能起到膨松剂的作用。

鲜奶油的打发

鲜奶油打发之前需要放置在冰箱冷藏一段时间，保证鲜奶油温度够低，只有这样打发完成后才能保持打发的状态，不会消融。如果在室温较高的环境下，我们需要垫冰在盆底，才能更好地打发鲜奶油。由于鲜奶油不含糖，所以在打发的时候需要加入砂糖调味。

蛋白的打发

打发蛋白的时候，要仔细检查放置蛋白的容器和打发蛋白的打蛋器，一定要无水、无油、无杂物，保证器皿干净的情况下才可以开始打发蛋白。而需打发的蛋白也要极其注意，不能沾有一丝蛋黄液，否则也会令蛋白打发不起来。

全蛋的打发

全蛋打发比蛋白打发要难得多，因为全蛋中的蛋黄含有油脂，使得全蛋打发的时间更长。全蛋在40℃左右的温度条件下，蛋黄稠度会有所降低，此时全蛋打发起来也会比较容易。因此打发全蛋的时候最好隔着热水加热打发。

蛋黄的打发

打发蛋黄虽不像打发蛋白那样可增加相当大的体积，但在打发的过程中，空气进入其中亦可让蛋黄的体积增加，用高速打发蛋黄3～5分钟不等。如果食谱需要加入糖一起打发，请将糖一点一点慢慢加入，不要一次全部加入。当我们将搅拌器轻轻提起，蛋黄呈水柱状保持不断时就达到理想的打发状态了。

面粉过筛

面粉在购买回家后，放置一段时间就会产生较大的颗粒，过筛后可以保证颗粒大小均匀，更有利于和鸡蛋、黄油等搅拌混合，做出来的成品口感也更加细腻、松软。

吉利丁片泡发

吉利丁片泡发时尽量不要重叠，浸泡完后把水分晾干；加热时温度不宜太高，否则吉利丁凝结功效会降低；吉利丁片呈液体状时要放凉待用，但要注意时间，放太长了它又会重新凝固，会影响成品的质量。

裱花袋的使用方法

❶先给裱花袋袋嘴处剪一个口，剪的口子不要太大，太大了卡不住裱花嘴，而且容易使裱花袋里的馅料流出来。

❷如果添加的馅料比较稀，非常软，就把裱花袋的口子先拧起来，以防止向袋中添加馅料时，馅料外溢；如果填装像饼干面糊一样硬、稠的馅料时，则可以把裱花袋装进一个碗里或者高点的杯子中，这样添加馅料就会相对容易些。

❸填装馅料时，把裱花袋上部向外翻出，呈衣领状。

❹填装好的馅料，要向裱花嘴方向先挤压，把裱花袋里面的空气排出，如果有空气，在挤花的过程中就有可能被中断。

蛋糕脱模

❶纸质模具一般是一次性的，烤好以后，撕开就可以食用，因此不需要做特殊的处理。

❷硅胶模具普遍具有防粘特性，当使用具有防粘功能的模具时，一般情况下是不需要特别的采取防粘措施的，西点烤好后很容易就可以和模具分离。

❸没有采取防粘措施脱模的时候，用小刀紧贴着蛋糕模具壁划一圈，让模具与蛋糕分开，再从活底模的底部往上一托，蛋糕就取出来了；如果是固定模，则可以在模具底部垫一张油纸，蛋糕与模具壁划开以后，再倒出来即可。

慕斯脱模方法

将烤好的慕斯倒扣在纸板上，用火枪烧模具侧壁即可轻松脱模，如果家中没有火枪，也可以用热毛巾代替。

4 面团的基本操作

面团的搅拌

搅拌，就是我们俗称的“揉面”，它的目的是使面筋形成。面粉加水以后，通过不断的搅拌，面粉中的蛋白质会渐渐聚集起来，形成面筋。搅拌得越久，面筋形成越多。面筋的多少决定了面包的组织是否够细腻。面筋少，则组织粗糙，气孔大；面筋多，则组织细腻，气孔小。

面团的摔打

摔打时手拉住一部分面团，将另一部分面团折叠，再摔打在面板上。要反复摔打，摔打的过程面团要反复拉伸，这样有助于面团更好地延展，面团就会变得光滑、非常筋道。

面团的发酵

发酵分为一次发酵、中间发酵与二次发酵。

1

第一次发酵

普通面包的面团，一般能发酵到2～2.5倍大，用手指沾面粉，在面团上戳一个洞，洞口不会回缩(如果洞口周围的面团塌陷，则表示发酵过度)。一般来说，普通的面团，在28℃的时候，需要1小时左右即可完成发酵。如果温度过高或过低，则要相应缩短或延长发酵时间。

2

中间发酵

先给面团排气，然后将其分割成需要的大小，揉成光滑的小圆球状，进行中间发酵。中间发酵，又叫醒发。如果不经过醒发，面团会非常难以伸展，给面团的整形带来麻烦。中间发酵在室温下进行即可，一般为15分钟。

3

第二次发酵

第二次发酵一般要求在38℃左右的温度下进行。在保持面团表皮不失水的同时要具有85%以上的湿度。那么怎么保持这个温度和湿度条件呢？在家庭制作中可以将面团在烤盘上摆好后，放入烤箱，在烤箱底部放一盘开水，关上烤箱门。水蒸气会在烤箱这个密闭的空间里营造出需要的温度与湿度。使用这个方法的时候，需要注意的是，当开水逐渐冷却后，如果发酵不完全，需要及时更换。第二次发酵一般在40分钟左右，发酵至面团变成2倍大即可。

水分的控制

制作面包面团时，千万不可在中途因为太湿黏而加干粉，这样会影响面团的品质。但可以在前期加少量水，不让面团太干，太干的话不容易混合均匀，要根据面粉的不同筋性来调节水量。

面团温度的控制

面团在搅拌时，随着机器的快速运行及面筋的形成，温度会越来越高，从而造成面团内的酵母提前发酵，导致面团湿黏，影响品质。因此夏天要用冰水搅拌，但是冰水不能直接接触酵母粉，否则会减弱酵母发酵能力，导致面团无法发酵。要先在搅拌碗里加冰水，面团盖过水，最后再加酵母。冬天用常温水搅拌，手工和面可用少量温水。

面团是否成功发酵

❶依据发酵时间看面团体积是否膨胀2～2.5倍。

❷要看面团的状态：面团表面是否光滑、细腻。

❸通过具体的操作方法来检测面团：食指沾些干面粉，然后插入到面团中心，抽出手指。如果凹孔很稳定，并且收缩很缓慢，表明发酵完成；如果凹孔收缩速度很快，说明还没有发酵好，需要再继续发酵；如果抽出凹孔后，凹孔的周围也连带着很快塌陷，说明发酵过度，发酵过度的面团虽然也可以使用，但是做出的面包口感粗糙，形状也不均匀。

❹发酵不足的面团叫生面团，发酵过度的面团叫老面团，老面团可以切割后冷冻保存，在下次制作面团时可作为酵头加入面粉中，可促进面粉发酵。

5 其他烘焙食材

黑巧克力

黑巧克力是由可可液块、可可脂、糖和香精混合制成的，主要材料是可可豆。适当食用黑巧克力有润泽皮肤的功效。黑巧克力常用于制作蛋糕。

白巧克力

白巧克力是由可可脂、糖、牛奶以及香精制成的，是一种不含可可粉的巧克力，但是含较多乳制品和糖分，它的甜度较高。白巧克力可用于制作西式甜点和方块巧克力蛋糕等。

核桃仁

核桃仁口感略甜，带有浓郁的香气，是巧克力点心的最佳伴侣。烘烤前先用低温烤5分钟使之溢出香气，再加入到面团中，会更加美味。

提子干

提子干是由提子加工而成的，味道较甜，不仅可以直接食用，还可以放在糕点中加工成食品。

抹茶粉

抹茶粉是抹茶的通俗形象叫法，是指在最大限度保持茶叶原有营养成分的前提下，用天然石磨碾成微粉状的蒸青绿茶，它可以用来制作抹茶蛋糕、抹茶曲奇等。

红豆

红豆即海红豆，种子鲜红色而光亮，可以用来做装饰品，也可以制成多种美味的食品，如红豆吐司、红豆小餐包等，有很高的营养价值。

绿茶粉

绿茶粉是一种细粉末状的绿茶，它能够最大限度的保持茶叶原有的营养成分，可以用来制作蛋糕、绿茶饼等。

可可粉

可可粉是可可豆经过各种工序加工而成的褐色粉状物。可可粉有其独特的香气，可用于制作巧克力、饮品、蛋糕等。

吉利丁

吉利丁又称明胶或鱼胶，是由动物骨头提炼而成的蛋白质凝胶，分为片状和粉状两种，常用于烘焙甜点的凝固和慕斯蛋糕的制作。

6 烘焙材料比例常识

烘焙产品所用的材料种类繁多，每一种材料的性质功能都不尽相同，同时每种材料的用量也不一样，这就要求我们要计算材料的用量。各类西点的配方是根据条件和需要在一定范围内进行变动，然而这种变动并非是随意的，需遵循配方平衡原则，配方平衡原则建立在材料功能作用的基础上。材料按其功能作用的不同可分为以下几组：

①干性材料和湿性材料

干性材料需要一定量的湿性材料润湿，才能调制成面团和浆料，包括面粉、奶粉、泡打粉、可可粉。

湿性材料包括鸡蛋、牛奶、水。

②强性材料和弱性材料

强性材料含有高分子的蛋白质，特别是面粉中的面筋蛋白质，它们具有形成及强化制品结构的作用，包括面粉、鸡蛋、牛奶。

弱性材料是低分子成分，它们不能成为制品结构的骨架，相反，具有减弱或分散制品结构的作用，同时需要强性材料的携带，包括糖、油、泡打粉。

配方平衡原则的基本点：在一个合理的配方中应该满足干性材料和湿性材料之间的平衡，强性材料和弱性材料之间的平衡。

干湿平衡

调制浆料或面团时所需的液体量不同。总的来说，浆料的含水量大于面团的含水量，调制时需要更多的液体。按液体比例从多到少可将浆料和面团做如下分类：稀浆（如海绵蛋糕）、浓浆（如油脂蛋糕）、软面团（如面包）、硬面团（如酥点心）。

蛋糕液体的主要来源是蛋液，蛋液与面粉的基本比例为1：1，即面粉约需等量的蛋液来润湿。例如海绵蛋糕主要表现为泡沫体系，而气泡可以增加浆料的硬度。此外，鸡蛋蛋白质在结构方面的作用也可以平衡因液体增加对结构和成型的不利作用，所以海绵蛋糕在上述蛋、粉基本比例的基础上，还可以相对增加蛋液的量。

而油脂蛋糕则主要表现为乳化体系，水太多不利于油、水乳化且会使浆料过稀，故蛋液的加入量一般不超过面粉量。

面包面团形成时，面筋需要充分吸水膨胀和扩展，故加水量较多，相当于面筋蛋白质及淀粉吸水量的总和。

酥点心面团吸水因受到油脂限制，且需要减少面筋的生成，所以加水量较少。

各类主要制品液体量的基本比例（与面粉相比）如下：

❶海绵蛋糕加蛋量100%～200%或更多（相当于加水量75%～150%或更多）。

❷油脂蛋糕加蛋量约100%（相当于加水量75%）。

❸面包加水量50%左右。

❹松酥点心加水量10%～15%。

强弱平衡

油脂和糖的比例强弱平衡的主要问题是油脂和糖对面粉的比例。不同特性的制品所加油脂量不同。

酥性制品（如油脂蛋糕和松酥点心）中油脂量较多，而且油脂越多，起酥性越好。但油脂量一般不超过面粉量，否则制品会过于酥散而不能成型。

非酥性制品（如面包和海绵蛋糕）中油脂量较少，否则会影响制品的气泡结构和弹性。在不影响制品品质的前提下，根据甜味的需要，可适当调节糖的用量。

各类主要制品油脂和糖量的基本比例（与面粉相比）大致如下：

❶海绵蛋糕：糖80%～110%，油脂0。

❷奶油海绵蛋糕：糖80%～110%，油脂10%～50%。

❸油脂蛋糕：糖25%～50%，油脂40%～70%。

❹面包：糖0～20%，油脂0～15%。

调节强弱平衡的基本规律：当配方中增加了强性材料时，应相应增加弱性材料来平衡，反之亦然。例如，油脂蛋糕配方中如增加了油脂量，在面粉量与糖量不变的情况下要相应增加蛋量来平衡。此外，蛋量增加时，糖的量一般也要适当增加。在海绵蛋糕制作中，糖能维持鸡蛋打发所形成的泡沫的稳定性。而在油脂蛋糕制作中，油脂打发时，糖（特别是细粒糖）能促进油脂的充气蓬松。

7 烘焙新手常见问题解答

问 烤盘放入烤箱中的位置会影响成品吗?

答: 烘焙的时候，尽量把烤盘放在烤箱的正中央，让底盘与生胚底部距离灯管的间隔一样，这样受热比较均匀。在烤戚风蛋糕时，进烤箱的烤盘要稍微放低一点，预留一些空间，可以使戚风蛋糕能够往上膨胀；欧式面包也是一样，如果要做的面包体积较大，也必须放低一点。做吐司的话也是要让吐司模底部与灯管的间隔差不多的位置。

问 为什么太小的烤箱不适合烤西点?

答: 因为如果烤箱空间不足，放入烤模之后，温度就没有办法很快均匀传导。

问 有盐奶油与无盐奶油有何差别?

答: 使用有盐奶油或无盐奶油，要看做什么产品。无盐奶油适合制作蛋糕，一般蛋糕的配方中，奶油的分量会偏大一些，如果奶油需要100克，因为配比的关系，使用有盐奶油和无盐奶油差别就很大，太多的盐会影响蛋糕的口感和风味。而有盐奶油则适合制作面包，因为面包中奶油的用量都不是很多，使用有盐奶油是可以被接受的，对口感影响不大。

问 我的蛋白为什么打不发?

答: 首先鸡蛋要新鲜，分蛋的时候蛋黄不能破，否则流进蛋白内就不纯了。其次，打发蛋白的容器必须是干净的、无油无水的容器。

问 奶油加糖打发时，为何奶油会油水分离?

答: 出现奶油油水分离的情况可能是温度太高使奶油太软接近融化了。奶油不要放到太软，不然打发的过程中，奶油接近融化的程度就容易油水分离。

问 用中筋面粉和低筋面粉的差别在哪？

答： 中筋面粉和低筋面粉的差异在于蛋白质的含量，中筋面粉的蛋白质含量较低筋面粉高。蛋白质含量越高，筋性就越强。

问 低筋面粉没有买到，可以用什么粉代替？饺子粉可以代替高筋面粉还是低筋面粉？

答： 没有低筋面粉，可以用普通中筋面粉加玉米淀粉配置，比例是100克的低筋面粉相当于75克的中筋面粉加上25克的玉米淀粉。

饺子粉可以代替高筋面粉。

问 为什么蛋糕面糊要先倒一部分蛋白霜到面糊中混合，而不是直接倒入混合？

答： 因为面糊的浓稠度比蛋白霜高，先用一些蛋白霜稀释一下面糊，再与剩余蛋白霜混合，这样才好操作，也能使蛋白霜与面糊混合得更加均匀。

问 为什么打发蛋白霜要加柠檬汁？

答： 打发蛋白时加一点柠檬汁可以中和蛋白中的碱性，调整蛋白韧性，使得蛋白泡沫更稳定。没有柠檬汁也可以用白醋代替。

问 为什么蛋白霜要打到用电动打蛋器提起呈勾形？

答： 蛋白霜打到提起呈勾形，蛋糕烤出来才有蓬松柔软的口感。因为空气打进蛋白中会形成一个一个的小气孔，将面糊撑起来。

8 烘焙注意事项

烤箱预热及温度调节

烤箱预热是指在烘烤食物之前，先将烤箱加热以提升烤箱温度的过程。在烘烤食物前，必须先将烤箱预热。事先预热可以使烤箱内部的温度一致，能使食物表面受热均匀，食物中的水分能够立刻就被锁住，避免把食物烤得又干又硬。烤箱预热的时间一般在5~10分钟，具体时间要根据烤箱大小、功率而定。一般情况下，烤箱功率越大、体积越小，其预热时间就越短。关于烤箱温度的调节，大部分的家用烤箱都是机械式调温，因此每一台烤箱的温度都不可能做到完全准确，即使同一品牌同一型号的烤箱，温度也不会完全一致，因此需要在使用的时候根据具体情况进行调整。

制作工具的洗涤

烘焙点心时使用的打蛋器、容器、模具等制作工具，在使用前一定要清洗干净并烘干，不能留有水或其他物质在上面。

面包的保存

刚出炉的面包不要吃，因为面团发酵的过程中，内部会产生一定量的乳酸菌与醋酸菌，容易造成胃酸过多得胃病。正确的吃法是将面包放置于空气中，使之冷却并挥发掉内部的乳酸与醋酸后再吃。面包放凉后马上用胶袋包装密封起来，室温可以放2天，放入冰箱冷冻可以放一个月。要吃时取出回温，再用烤箱烤热即可。

采取防粘措施

采取防粘措施，可以使制作出来的成品更加美观、精致。一般的防粘措施是在烤盘上垫上油纸、锡纸、高温油布等。如果是做蛋糕或面包，可以在模具内部涂一层软化的黄油，再撒上一层干面粉即可。如果使用的是具有防粘特性的模具，可以不采取防粘措施。

分次烤制

一般在使用家用电烤箱的情况下，不建议一次烤制两盘。因烤盘具有隔热效果，如果在烤箱里一次放入两个烤盘，可能会导致上下两盘都不能达到预期的烘烤温度，从而影响口感，所以需要分次烤制，这样才能使其受热均匀。

PART 2

邂逅饼干，一场不期而遇的精彩

各具特色的手工小饼干，有的造型简单，有的营养丰富，有的适合当小零食，带你享受悠闲时光，帮你消解乏闷时刻。

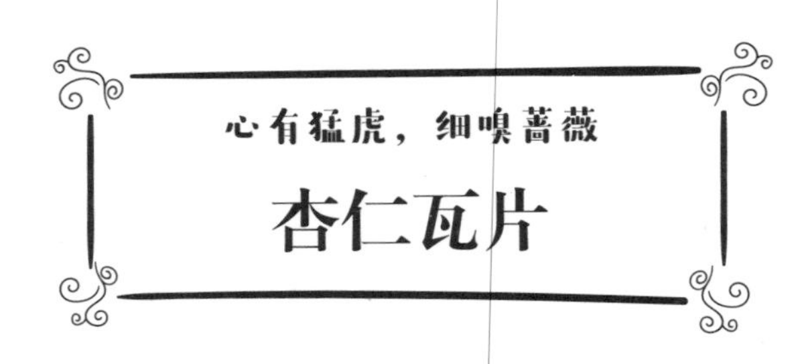

心有猛虎，细嗅蔷薇

杏仁瓦片

心有猛虎，细嗅蔷薇。力量有很多种，温柔是最有力的那一种。世俗而强大的野心，也会为美丽和温柔所折服，让猛虎收起獠牙，安然感受美好。

属于蔷薇科植物的杏仁，也沿袭了这种安然的美好。烘焙好的杏仁瓦片，舒舒服服的香味，让人想到安静的街道，闲适的咖啡厅，午间晒太阳的猫伸了一个懒腰，还有傍晚墙头轻轻摇曳着的绿叶红花。

我开始觉得，幸福并非一种处境，而是一种态度和能力。当你拥有了这种能力，无论身处何境，都能给自己和家人带来幸福。

材料

蛋清 50 毫升

白砂糖 50 克

低筋面粉 8 克

粟粉 5 克

无盐黄油 15 克

杏仁片 60 克

工具

打蛋器

刻模

玻璃碗

钢碗

烤箱

高温布

做法

1. 将蛋清、白砂糖倒入玻璃碗中搅拌均匀，倒入低筋面粉继续搅拌均匀。

2. 无盐黄油隔水融化，倒入搅拌均匀的混合液中，继续搅拌均匀。

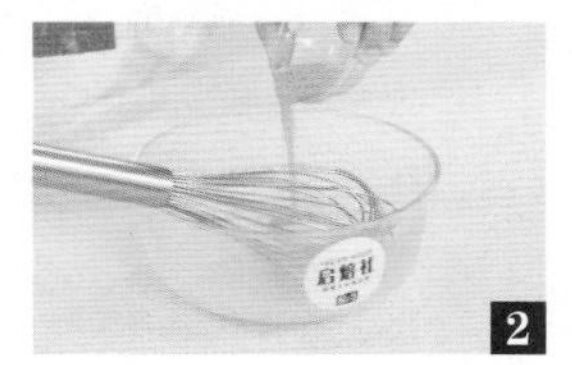

3. 加入粟粉搅拌均匀后，再倒入杏仁片拌匀。

4. 将刻模放在垫有高温布的烤盘上，捞出蛋液中的杏仁片，放入刻模中，一片接一片地摆放成圆片形，取出刻模继续摆放下一个，直到铺满整个烤盘。

5. 将烤盘放入预热好的烤箱，以上火 150℃、下火 120℃烤 15 分钟即可。

烘焙课堂

做这款瓦片时，可以用高温布，也可以用油纸。在做瓦片薄脆类饼干的时候，有时候会遇到使用油纸却撕不下来的情况。一般来说，如果用的油纸质量比较好的话，是不会发生这种情况的。所以还是建议在做烘焙食品时，用高质量的油纸。

甜蜜的负担

芝麻土豆饼干

谁的人生容易啊？朋友跟我吐槽说，现代人生活得都好辛苦。他发现教自己学开车的驾校教练，一到晚上8点就会赶到一家工厂，摇身一变成为一名夜班安保人员。

是啊，人生在世，都承担着一些生活的压力。要奔波，要努力，去实现一些目标，去追求一些梦想。也许，有了这些动力，辛苦会显得不那么辛苦。

朋友问那位教练，这样坚持的动力是什么？教练笑了笑，耽搁了几分钟，走进路边一家糕点店，买了一袋芝麻土豆饼干，小心地放在车里。

他说，这是家里一对才三岁的双胞胎儿女最爱吃的点心。

我想，活得自在洒脱是一种幸运，拥抱着甜蜜的负担去打拼，也是一种幸福吧。

低筋面粉100克，鸡蛋1个，高筋面粉90克，蛋黄1个，白芝麻适量，糖粉60克，黄油100克，土豆泥80克

玻璃碗，电动打蛋器，刮板，刷子，烤箱

做法

1. 将黄油、糖粉倒入玻璃碗中，用电动打蛋器打发均匀。
2. 分次加入拌匀的鸡蛋液，打发均匀。
3. 倒入土豆泥，用电动打蛋器搅拌均匀。
4. 放入高筋面粉、低筋面粉，用刮板搅拌成糊状，倒在案台上，揉面，用手反复揉搓成光滑的面团。
5. 将面团搓成长条形，用刮板切成大小均匀的小剂子。
6. 将每个剂子搓圆按扁，用刷子刷上一层搅拌均匀的蛋黄液。
7. 再将小剂子依次沾上适量白芝麻，放入烤盘。
8. 将烤盘放到预热好的烤箱中，以上下火均为170℃烤15分钟至熟。

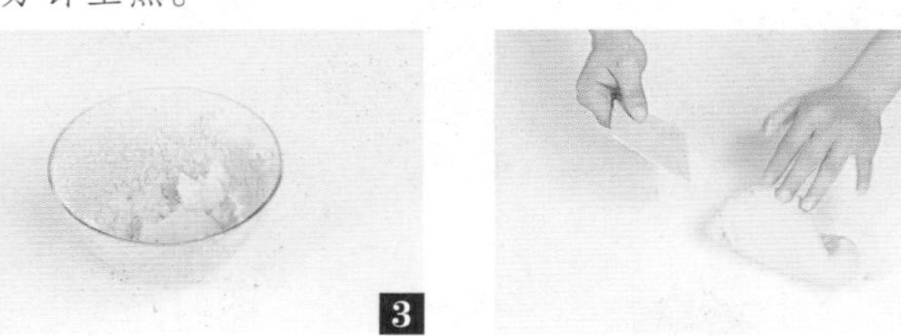

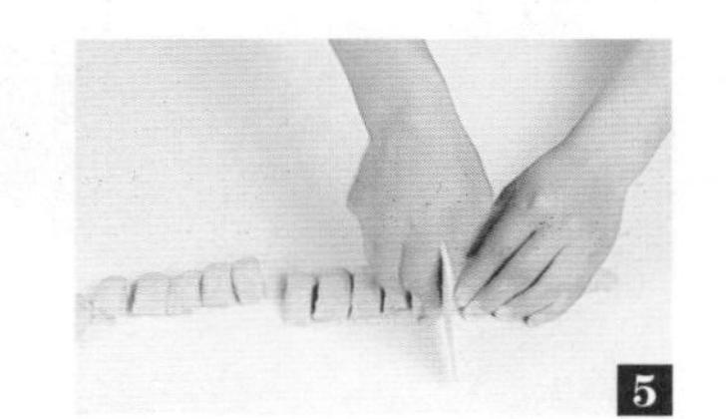

烘焙课堂

黄油打至发白之后，要分次加入拌匀的鸡蛋液，并且每一次都要将鸡蛋液与黄油充分混合，然后进行下一步，这样做能够避免油水分离，从而保证成品的酥性。

像情窦初开时的爱情

意大利小饼

提起意大利美食，大家都会先想到意大利面和比萨。然而说起意大利最受欢迎的饼干，它有个美丽的名字叫玛格丽特小饼干。关于它的来源，也有一个美丽的故事。

传说，有一位糕点师，深深地爱上了住在意大利史特雷莎的玛格丽特小姐。凭着一腔爱意，糕点师自创了一种新的小饼干，并以玛格丽特的名字命名。

不知道糕点师与小姐最终有没有相爱相守，但这种意大利小饼，的确像足了情窦初开时的爱情，不需要繁多的工具和特殊的材料，外观简单可爱，味道香酥可口。

一如动了情的心事，纯粹的，羞涩的，想隐藏，又欲盖弥彰。

材料

低筋面粉 500 克
细砂糖 250 克
黄油 250 克
全蛋液 50 毫升
蛋黄 15 克
泡打粉 2 克
果膏适量

工具

打蛋器
高温布
烤箱
电子秤
玻璃碗
刮板
裱花袋

做法

1. 黄油倒入玻璃碗中打散，倒入细砂糖搅拌均匀。

2. 倒入全蛋液、蛋黄搅拌均匀后倒在案台上。

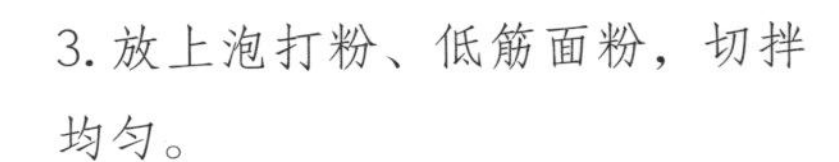

3. 放上泡打粉、低筋面粉，切拌均匀。

4. 将面团分成10克/个的小剂子，搓圆，均匀地放入垫有高温布的烤盘上，用手指轻压按扁。

5. 放入烤箱中，以上火170℃、下火110℃烤15分钟，取出，放凉。

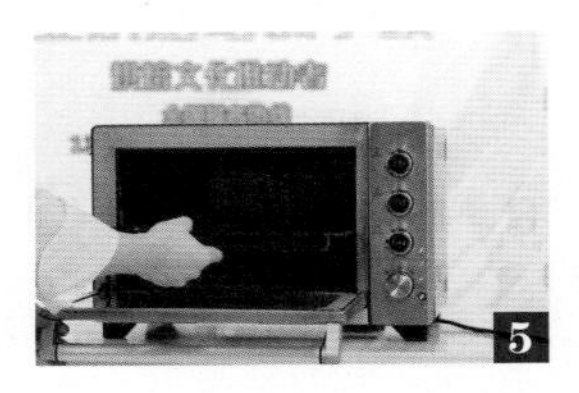

6. 果膏装入裱花袋中，挤在烤好的小饼上即可。

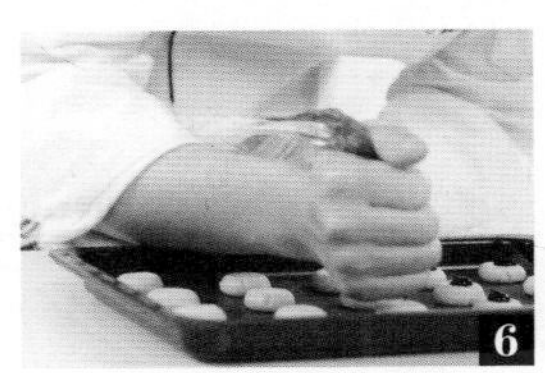

烘焙课堂

果膏和果泥是有一定区别的。简单地说，果品经过去皮、去核等处理，捣烂后就可以称为果泥，其保持了原有的营养成分；果膏则不同，果膏需要经过熬制，一般只需加水、油、糖即可，但在加工过程中会流失部分营养。

激情与浪漫的完美融合

榛子巧克力夹心饼干

为什么榛子配巧克力如此迷人？其实味道与味道之间，也是讲究缘分的。每一道食材都有自己的秉性，合适了，才会为彼此锦上添花。

榛子代表着激情、清香，巧克力象征了浪漫、醇浓，两种味道相互中和互补，又都蕴含着热情和能量，最适合在一起了。将它们烘焙成为饼干后，巧克力和榛子仿佛一起创造了一个小奇迹。

食物的搭配选择，人与人之间的缘分，其实有共通的哲学。两个人相处，既要求同，又要存异，不仅保留了各自的特色，又一起开创新的美好。

这才是最好的美食，最好的缘分吧。

材料

饼干配料

低筋面粉 100 克

黄油 30 克

糖粉 50 克

烤熟的榛子 50 克

全蛋液 15 毫升

盐 1.25 克

榛子巧克力馅

黑巧克力 40 克

黄油 20 克

动物性淡奶油 20 毫升

烤熟的榛子 25 克

工具

调理机

打蛋器

玻璃碗

刮刀

冰箱

刀

钢盆

烤箱

裱花袋

做法

1. 把 50 克烤熟的榛子、糖粉倒入调理机中打成粉末状，倒进玻璃碗中。
2. 将 30 克黄油、盐倒入另一个玻璃碗中打至发白，倒入全蛋液继续打发。
3. 倒入榛子粉搅拌均匀，再倒入低筋面粉继续搅拌，倒在案台上，捏成面团。
4. 将面团擀成长条形，按压整形，放入冰箱中冷冻至硬。
5. 黑巧克力、动物性淡奶油、20 克黄油隔水融化。
6. 倒入 25 克烤熟的榛子搅拌均匀制成榛子巧克力馅，放凉后放入冰箱冷藏至稍硬，取出。
7. 取出冷藏好的面团长条，放在案板上，切成厚薄均匀的片状生坯。将生坯放入预热好的烤箱，以上火 160℃、下火 130℃烤 16 分钟，取出。
8. 将榛子巧克力馅装在裱花袋中，均匀地挤在一片饼干上，然后再盖上一片饼干即成。

烘焙课堂

做这款饼干时需要十分细腻的榛子粉，所以将榛子与糖粉（白砂糖亦可）一起研磨，这样才能得到足够细腻的粉末。若不加入糖，只研磨榛子，榛子会因为出油而导致无法成为粉末。加入馅里的榛子不需要研磨成粉，因为它需要保持一定的颗粒感。

人生的缩影

“S”形奶香曲奇

女人的身材以“S”形为美，追求曲线，现在饼干也不甘示弱了。

相比于常见的圆形曲奇饼干，“S”形奶香曲奇多了一分婉约的美。当然，难度也上了一个台阶。如何制作出一个弧度完美的“S”形曲奇？需要手感，也需要娴熟的手艺。

学习烘焙的时候，我们想着创新，想制作出不寻常的美食，所以经常会进行不同的尝试，从外观上，从食材的选用上，一点一点地琢磨，选择，实践，判断和体会。

有时候觉得，这可不就是人生的缩影嘛。为了实现更精彩的自我，努力坚持，反复尝试，直到找到最适合自己的角度和位置。

材料

奶油 180 克

糖粉 120 克

全蛋 90 克

低筋面粉 180 克

高筋面粉 110 克

奶粉 30 克

奶香粉 3 克

工具

刮板

裱花袋

烤箱

盆

电动打蛋器

裱花嘴

做法

1. 在盆中放入奶油，加入糖粉，混合搅拌至均匀。

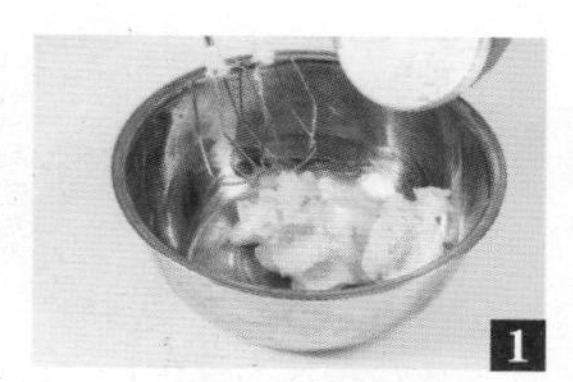

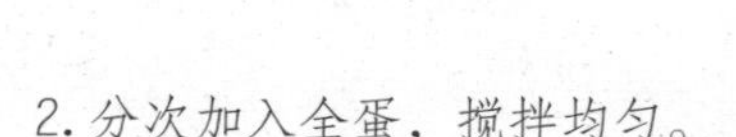

2. 分次加入全蛋，搅拌均匀。

3. 加入高筋面粉、低筋面粉、奶粉、奶香粉，搅拌至无粉粒状态。

4. 将搅拌均匀的面糊装入套有裱花嘴的裱花袋里，均匀地挤在烤盘上，挤出的饼干生坯要大小均等。

5. 将烤盘放入预热好的烤箱中，以上下火160℃的温度烤约25分钟。

6. 饼干完全熟透后打开烤箱，取出烤盘，把烤好的饼干装入盘中即可。

烘焙课堂

做曲奇饼干时，如遇到烘烤出来的饼干不够酥脆的情况，你需要考虑两点：一是是否用砂糖代替了糖粉，糖粉可以降低面团的筋度，而砂糖会增加面团的筋度；二是高筋面粉和低筋面粉的比例是不是出现了差错。

看视频，学烘焙

回到最初阶段

奶油饼干

心灵的探索是一个永无止境的过程，每个人都应该相信，自己还有着无限潜力可以被激发。

我曾经上过关于潜能开发的课，课程包括认识与挑战自我、挖掘自我内心力量、贡献等三个阶段。当时正在纠结于烘焙的意义，突然发现烘焙工作也正好呼应这三个阶段：从拜师学艺开始，到能够独当一面、自由发挥，再到奉献所长，将这份力量传承下去，最后仿佛再次回到最初阶段，形成一个心灵的回路。

奶油饼干就是这个时期做出来的产品，在简单的基础上加点小创意，但是不脱离其本质，反而在其自由发挥的基础上，依旧能回到它的最初阶段。

黄奶油 100 克，糖粉 60 克，蛋白 30 克，低筋面粉 150 克，草莓果酱适量

刮板，圆形模具，烤箱，擀面杖，高温布

做法

1. 将低筋面粉倒在案台上，用刮板开窝，倒入糖粉、蛋白，搅拌均匀。
2. 加入黄奶油，混合均匀，用手揉搓成光滑的面团。
3. 用擀面杖把面团擀开，擀成厚薄均匀的光滑面皮。
4. 用较大的模具在面皮上压出大小均匀的圆形面皮。
5. 用较小的圆形模具在 4 个圆形面皮上压出环状面皮。
6. 去掉边角料，把环状面皮放在4个圆形面皮上，制成生坯。
7. 把生坯放入垫有高温布的烤盘里，在生坯中间加入适量草莓果酱。
8. 将生坯放入预热好的烤箱里，以上下火 170℃烤 15 分钟至熟，取出即可。

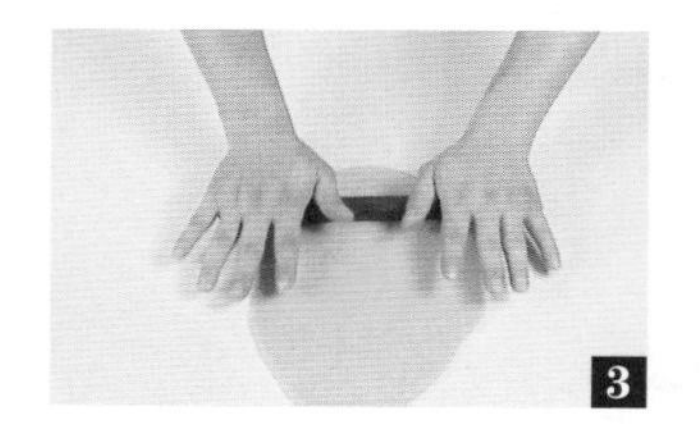

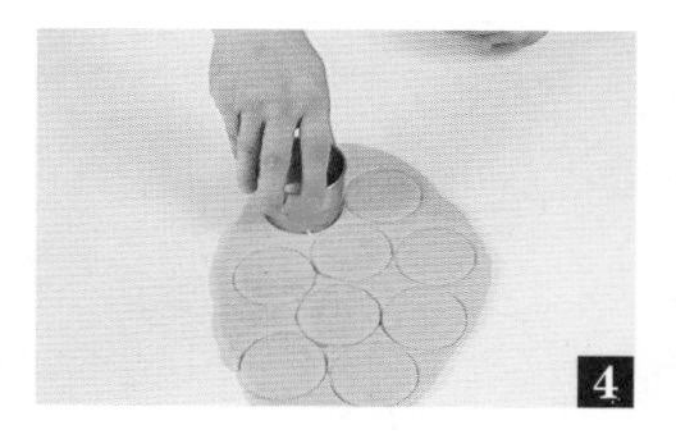

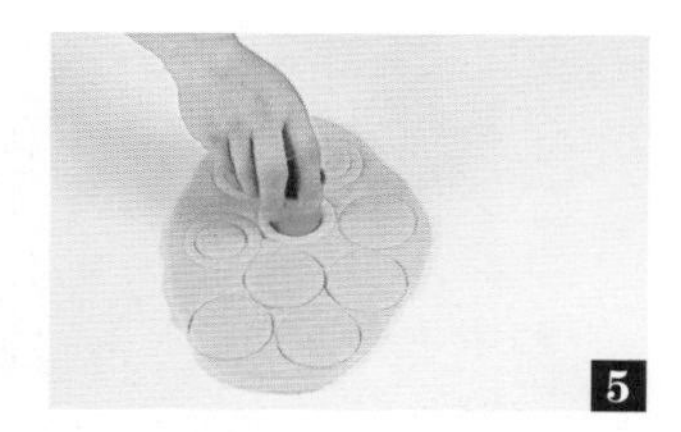

烘焙课堂

很多饼干在烘烤后体积会膨胀一些，所以我们在烤盘中放入饼干生坯时要注意每个生坯之间要留一些空隙，以免烤完后饼干边缘相互粘在一起影响外观。

如果你想瘦身

柠檬燕麦饼干

随着美食的花样越来越多，人们也越来越关注健康。水果和粗粮成为了我们公认的营养饮食，清淡，富含维生素和膳食纤维，还有助于排毒减肥。

很多爱美的女孩子，进了蛋糕店就奔着粗粮饼干、粗粮蛋糕而来，认为可以光吃不胖。这理解当然还是略显片面，保持完美体形，不仅要控制饮食，还要配合适量的运动，才会有更好的效果。

柠檬燕麦饼干最特别之处，在于其淡雅的果香与丰满的麦香，两种截然不同的香味相互融合，搭配出令人舒心的味道。有这样的早餐，配一杯牛奶，仿佛徜徉于田间果园。

材料

无盐黄油 50 克
白砂糖 66 克
柠檬汁 5 毫升
碎柠檬皮 5 克
牛奶 34 毫升
葡萄干 28 克
低筋面粉 35 克
小苏打 1.5 克
燕麦 63 克

工具

打蛋器
刮刀
玻璃碗
烤箱
裱花袋
高温布

做法

1. 无盐黄油、白砂糖倒入玻璃碗中，搅打均匀。

2. 倒入柠檬汁，搅拌均匀。

3. 倒入碎柠檬皮，拌匀后分次少量倒入牛奶，搅拌均匀。

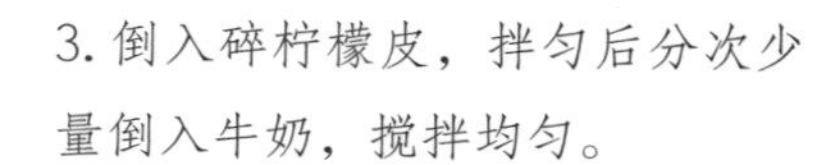

4. 倒入葡萄干搅拌均匀，再倒入低筋面粉、小苏打，继续搅拌均匀。

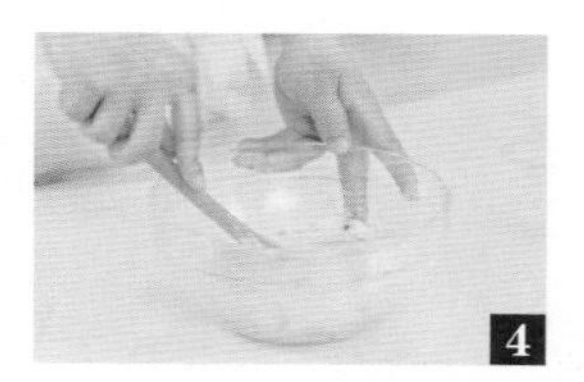

5. 倒入燕麦搅拌均匀，再装入裱花袋中，均匀地挤在垫有高温布的烤盘上。

6. 手掌蘸上水，轻轻地将饼干胚按压至厚薄均匀，放入预热好的烤箱，以上火 150℃、下火 120℃烤 10 分钟后转炉继续烤 6 分钟即可。

烘焙课堂

做饼干时，放入少许小苏打，可以使饼干更加蓬松，但一定要控制小苏打的量，放多了，烤出来的饼干会苦。一些食谱要求使用小苏打，而另一些要求用泡打粉，如何使用取决于配方中的其他成分。

看视频，学烘焙

说到咀嚼，细嚼慢咽是一种乐趣，狼吞虎咽也是一种姿态，只是狼吞虎咽少了点回味的空间，舌尖的味道还没那么绵长，就滑落胃肠，到底只是充饥果腹的工具罢了。

我喜欢手指饼干，自顾自地觉得条形的饼干咀嚼起来要比圆饼多一些乐趣。你可以用手指慢慢地丈量，这饼干吃了多少，还余下多少。我的烘焙老师说，这是源自婴儿时期对啃手指的热爱和渴望。想一想，也许是这么个道理。

巧克力手指饼干，是最适合在阅读、思考的时候品尝的，拈起一条饼干，慢慢地咀嚼，心情是放松的，像小婴儿啃着手指，好奇地打量着新世界。

低筋面粉 95 克，细砂糖 60 克，蛋白 3 个，蛋黄 3 个，糖粉少许，白巧克力末适量，黑巧克力末适量

玻璃碗，小玻璃碗，盘子，电动打蛋器，筛网，刮刀，裱花袋，竹签，剪刀，烤箱，高温布，钢盆，电磁炉

做法

1.蛋白倒入玻璃碗中，加入一半的细砂糖，用电动打蛋器打至六成发，即成蛋白部分。

2.另取一个玻璃碗，加入蛋黄、剩余的细砂糖，快速打发成蛋黄部分。

3.用筛网将低筋面粉过筛至蛋白部分中，用刮刀搅拌均匀。

4.用刮刀分两次将蛋白部分刮入到蛋黄部分中，并搅拌均匀制成面糊。

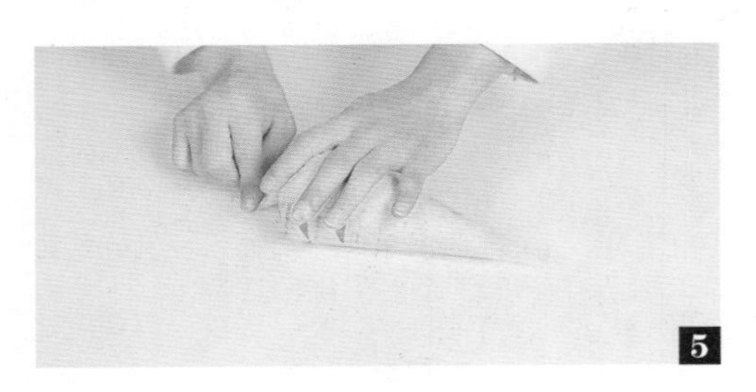

5.把面糊装入裱花袋中，用剪刀将裱花袋尖端剪出一个小口。

6.将面糊均匀地挤在垫有高温布的烤盘上，挤成长条状制成饼干生坯。

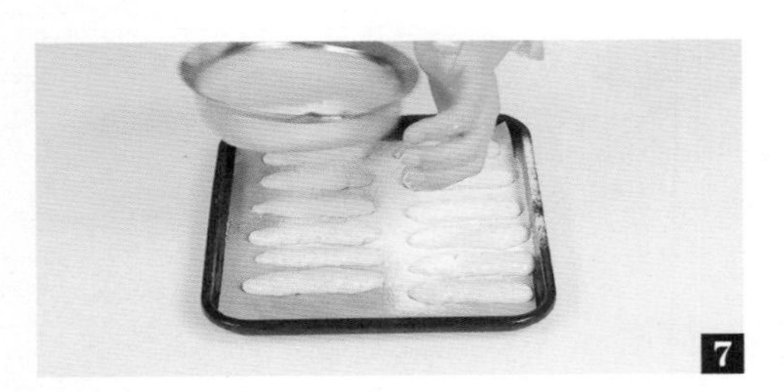

7.用筛网筛入少许糖粉，放入预热好的烤箱中，以上下火160℃烤10分钟至熟。

8.将适量黑巧克力末、适量白巧克力末分别放在小玻璃碗中，隔水加热至融化，取出。

9.将白巧克力液倒入裱花袋中。

10.将烤好的手指饼干放入黑巧克力液中，蘸上适量黑巧克力液，放入盘中。

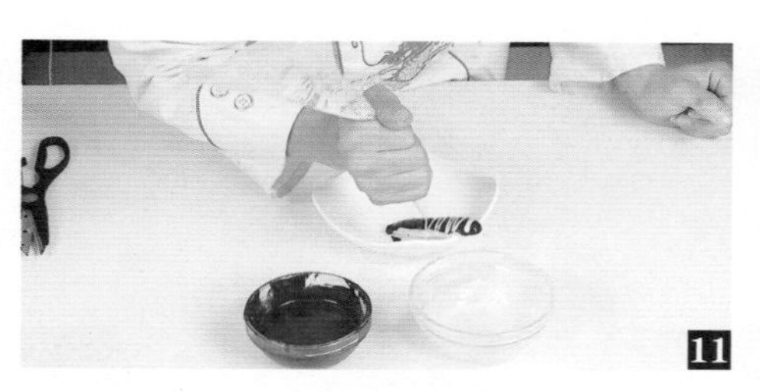

11.把装有白巧克力液的裱花袋剪一个小口，将白巧克力液均匀地挤在蘸有黑巧克力的饼干上。

12.用竹签在饼干上划线，形成巧克力花纹，待巧克力液凝固即可。

烘焙课堂

在挤面糊时，如果挤得比较粗，烘烤的时间就需要适当延长。刚出炉的饼干比较软，要完全冷却才会变脆。冷却以后的饼干应该是内外都是酥脆的，如果出现软心的情况，说明烘烤火候不够，放回烤箱再烤几分钟即可。

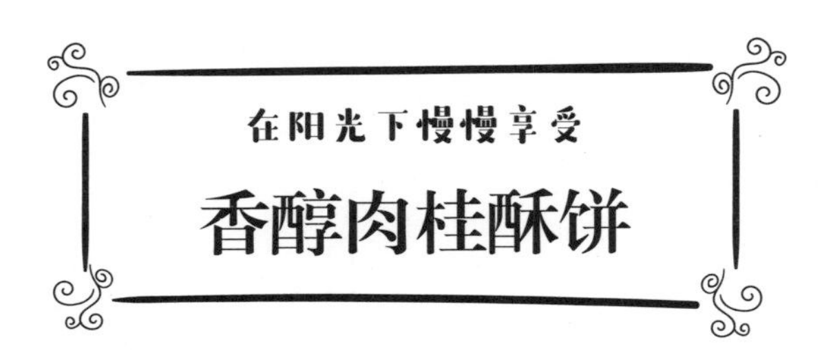

在阳光下慢慢享受

香醇肉桂酥饼

肉桂含有特殊的气味，经常被用于烹饪和烘焙中，据说它还具有散寒止痛、活血通经的功效。有的咖啡师会将肉桂粉用于咖啡中，会增添一股别致的香味。

香醇肉桂酥饼可以说是极致酥松，配上果酱或者咖啡，在阳光下慢慢享受忙里偷闲的下午茶时间，连闲暇都是那么美。为了保证酥饼的松脆，操作裱花嘴的时候要拿捏好分寸，注意力度，不要处理得太厚，否则会影响口感。

在烘焙过程中，那种小心翼翼又欣喜期待的感觉，其实比品尝的那一刻更加迷人。

材料

黄油 100 克
糖粉 33 克
低筋面粉 100 克
肉桂粉 1 克

工具

玻璃碗
电动打蛋器
裱花袋
裱花嘴
长柄刮板
剪刀
高温布
烤箱

做法

1. 将黄油倒入玻璃碗中，加入糖粉，用电动打蛋器快速搅匀。

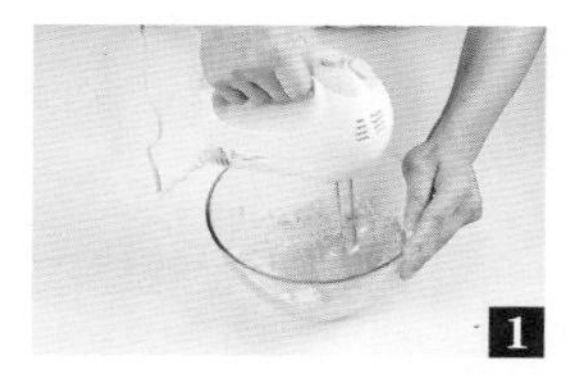

2. 加入肉桂粉、低筋面粉，迅速搅拌成糊状。

3. 用长柄刮板把面糊装入套有裱花嘴的裱花袋中，用剪刀把裱花袋剪开一个小口。

4. 将面糊均匀地挤在垫有高温布的烤盘上，制成条状饼坯。

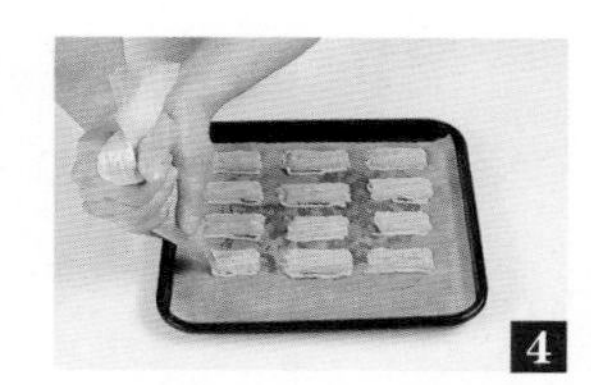

5. 把烤盘放入预热好的烤箱中，以上下火 160℃烤 10 分钟至熟，取出即可。

烘焙课堂

饼坯与饼坯之间要留一些空隙，以免烤好后粘在一起。

谁让它美丽富有风情

蔓越莓酥条

人人都爱蔓越莓，谁让它美丽富有风情，偏偏口感又酸酸甜甜讨人喜欢。零零星星的碎蔓越莓点缀在酥条中，使饼干的姿色和口味都得到了极大的提升。

蔓越莓这种植物喜欢生长在北半球的清凉地带酸性泥炭土壤中，据说要栽培3～5年，才能长出红色的小果实。也就是说，每一颗蔓越莓，都是经过漫长的等待，才出现在我们身边的。

烘焙也是需要耐心和等待的活儿。躁动不安的时候，有些人会用写字、抄经、弹琴来抚慰自己的心，而对于我，最有效的方法却是烘焙。准备食材，制作均匀好看的蔓越莓酥条，经过烤制，香味弥漫的时候，我也找回了自己的平静。

材料

低筋面粉 80 克
黄油 40 克
细砂糖 40 克
蛋黄 25 克
蔓越莓干 30 克
泡打粉 1 克
盐 2 克

工具

玻璃碗
长柄刮板
刮板
砧板
刀
烤箱
打蛋器
烘焙纸
冰箱
盘子

做法

1. 将软化后的黄油用长柄刮板刮入玻璃碗中，然后加入细砂糖搅拌均匀。
2. 倒入打散的蛋黄搅拌均匀。
3. 加入盐继续搅拌均匀。
4. 加入低筋面粉、泡打粉，搅拌均匀。
5. 在面糊中加入切碎的蔓越莓干，揉匀。
6. 将面糊揉成柔软的面团，放在砧板上，再用刮板按压成厚约 2 厘米的长方形面片，放入盘中。
7. 将面片放入冰箱冷冻半小时以上，直到面皮变硬方可取出，用刀将变硬的面片切成厚度一致的小长条形生坯。
8. 将生坯均匀地摆放在垫有烘焙纸的烤盘上，放入预热好的烤箱中，以上火 180℃、下火 160℃烤 16 ~ 18 分钟，至其表面呈现金黄色，取出即可。

烘焙课堂

面团冻硬后，如果不想马上烘烤，可以用保鲜膜包起来放在冰箱里冷冻保存，使用之前放在室温下软化切片即可。冻得太硬的面团不适宜直接切片烘烤，容易碎。

看视频，学烘焙

面团是捏在手里的工具

罗马盾牌

很多人听到罗马盾牌的名字，都会有种莫名的敬畏。罗马的盾牌，它应该是个很不一般的东西吧？我也如此敬畏着罗马盾牌，倒不是因为它的名字，而是因为它与我有一种特殊的情怀。

第一次做罗马盾牌的时候，是在上烘焙课的时候。那时我刚接触烘焙不久，老师就教了这么一个小饼干的做法。那也是第一次接触有内馅的饼干，总是有点小心翼翼，害怕做不好。老师告诉我说，做烘焙的时候不要担心做得不好，要胸有成竹，面团是捏在你手里的材料，只有平等地与它相处，你才能很好地驾驭它，从那以后，我就慢慢地对烘焙投入感情，学会与它交朋友。

材料

主料

无盐黄油 50 克

细砂糖 62 克

蛋清 27 毫升

低筋面粉 85 克

吉士粉 5 克

馅料

无盐黄油 20 克

细砂糖 22 克

麦芽糖 22 毫升

杏仁片 25 克

工具

打蛋器

刮板

橡皮刮刀

裱花袋

玻璃碗

钢盆

电磁炉

烤箱

做法

1. 将 50 克无盐黄油倒入玻璃碗中，用打蛋器打至发白，加入 62 克细砂糖搅拌均匀。

2. 分次加入蛋清搅拌均匀后，倒入吉士粉搅拌均匀，分次加入低筋面粉搅拌均匀，制成面糊。

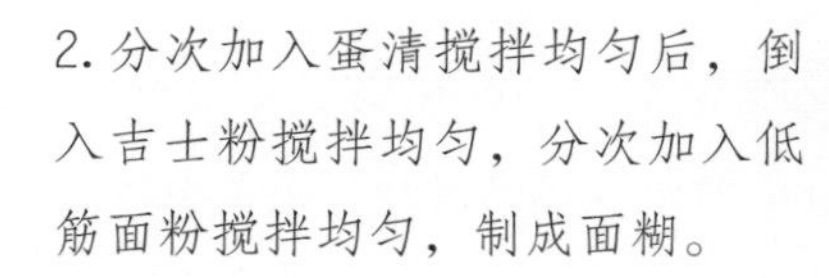

3. 将22克细砂糖、20克无盐黄油、麦芽糖依次倒入钢盆中，隔水加热至糖溶化。

4. 倒入杏仁片搅拌均匀，然后倒入玻璃碗中。

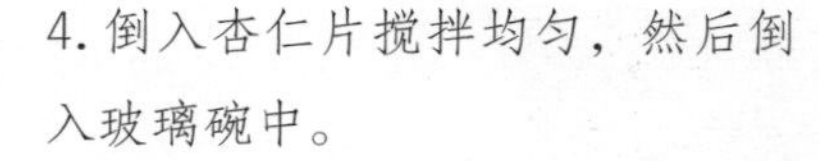

5. 将面糊装入裱花袋中，在垫有高温布的烤盘中，挤成一个个圆圈。

6. 在圆圈中放入馅料，将烤盘放入预热好的烤箱中，上火 160℃、下火 130℃，烤 10 ~ 12 分钟至熟即可。

烘焙课堂

将面糊挤入烤盘时，也可以挤成自己喜欢的其他形状，然后再放入馅料。但要注意馅料不要填太满，因为糖加热会化开，流向周边，可以将馅料煮得稍稍浓稠一点，会不容易流出。也可以根据自己的口味将杏仁片换成其他的坚果碎。

童年的记忆

椰丝小饼

椰丝的清香里，有童年的记忆。小时候，学校附近的糕点铺子里就售卖着黄灿灿的椰丝小饼。家长在接小朋友放学的时候，偶尔会称上那么几块，给孩子们打打牙祭。倘若是谁家的家长拎着一包糕点，被牵着的小朋友自然是走得趾高气扬，生怕同伴们不知道自己回家就有好吃的了。

或许是出于情怀，我常常会做这道甜品。椰丝混入食材中的那一刻是最神奇的，松脆的饼干仿佛一下子有了牵绊，变得优柔起来。饼干烤出来，屋子里弥漫着一股若有若无的椰香，我是瞬间穿越到了海南，还是穿越回了童年呢?

材料

低筋面粉 50 克
黄油 90 克
鸡蛋液 30 毫升
糖粉 50 克
椰丝末 80 克

工具

高温布
烤箱
长柄刮板
裱花袋
裱花嘴

做法

1.将黄油倒在案台上，倒入糖粉，用长柄刮板充分搅拌和匀。

2.倒入鸡蛋液、低筋面粉、椰丝末，然后用刮板充分搅拌和匀。

3.将和好的面糊装入裱花袋中，以画圈的方式挤成若干的生坯，挤在垫有高温布的烤盘上。

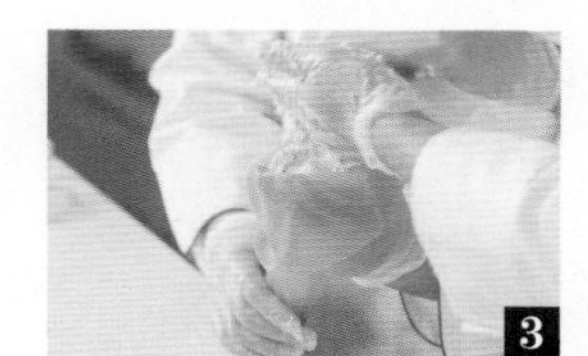

4.将烤盘放入预热好的烤箱中，以上火180℃、下火130℃烤10~15分钟至饼干表面呈金黄色。

5.打开烤箱，将烤盘取出，将烤好的食材摆放在盘中即可。

烘焙课堂

烤好的饼干要及时地放在密闭的盒子中保存。如果饼干受潮，只要再烘烤几分钟，去除水分就可以了。

继往开来

巧克力牛奶饼干

看视频，学烘焙

有一年秋天，飞到丽江过周末，恰好下着雨，无意间拍下一幅照片。

一个衣着时尚的年轻男孩，穿着盖过脚踝的皮靴，面朝着我走过来，落雨让他脚步匆忙。然而就在他的身侧，一位穿着纳西族服装的老人，个子瘦小，步履蹒跚，背朝着我走过去。在照片里，传统和现代擦肩的感觉，展视得如此生动分明，我叫它“继往开来”。

在我心里，巧克力牛奶饼干既有传统气息，又有现代感觉。牛奶和巧克力，这是最简单最常见的食材了，可要将一道巧克力牛奶饼干做得精彩，也不容易。这就像烹饪界的蛋炒饭，最简单也最困难，最考手艺。

黑巧克力液适量，白巧克力液适量，黄油100克，糖粉60克，低筋面粉180克，蛋清20毫升，可可粉20克，奶粉20克，白奶油50克，牛奶40毫升

刮板，模具，电动打蛋器，玻璃碗，裱花袋，烘焙纸，擀面杖，剪刀，烤箱，牙签

做法

饼皮：1. 将低筋面粉、奶粉、可可粉倒在案台上，开窝。

2. 倒入蛋清、糖粉，搅匀。

3. 加入黄油，混合均匀，揉搓成光滑的面团。

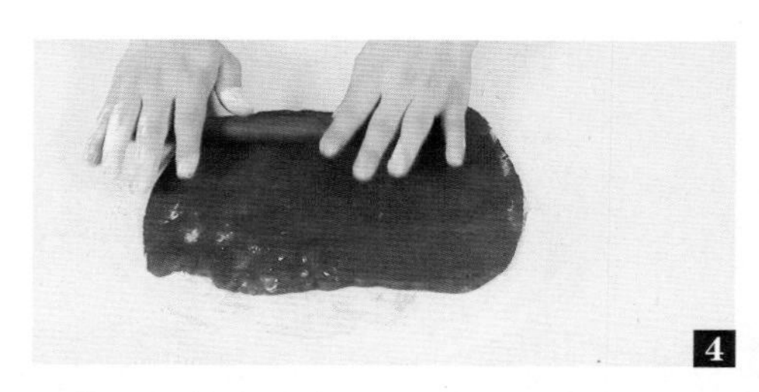

4. 将面团擀成厚约 0.5 厘米的面皮，用模具在面皮上压出 8 个圆形饼坯，去掉边角料。

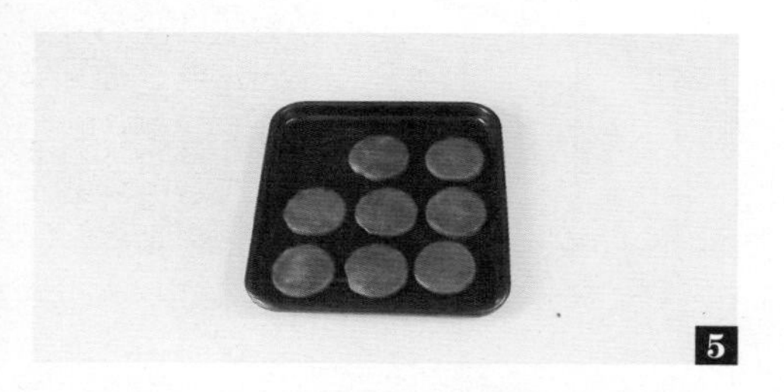

5. 把饼坯放入烤盘，放入预热好的烤箱，以上、下火 170℃烤 15 分钟至熟，取出。

馅料：6. 取一个玻璃碗，倒入白奶油，用电动打蛋器打发。

7. 分次加入牛奶，快速搅匀，制成馅料，装入裱花袋里，待用。

8. 在另一个裱花袋里装入白巧克力液，将裱花袋的尖端剪个小口。

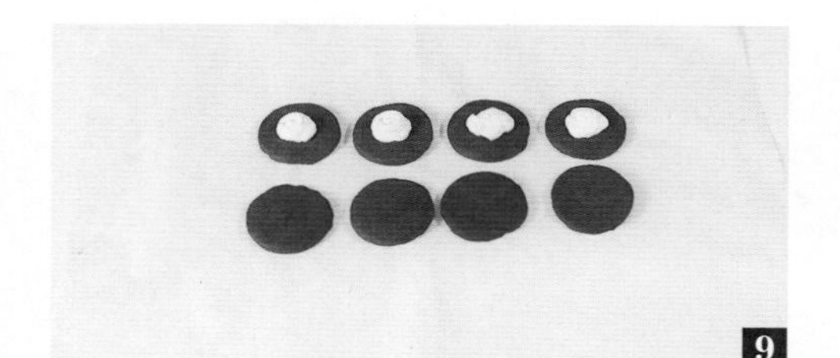

9. 把烤好的饼干放在烘焙纸上，在其中4块饼干上挤上馅料。

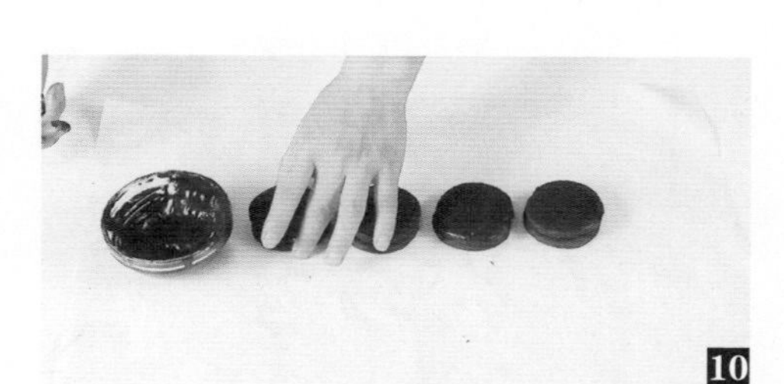

10. 把其余4块饼干蘸上黑巧克力液，盖在有馅料的4块饼干上。

11. 以画圆圈的方式把白巧克力液挤在饼干上。

12. 用牙签将白巧克力液划出花纹，装盘即可。

烘焙课堂

隔水融化的白巧克力液挤在饼干上，呈流动状态时，要迅速用竹签划出花纹。如果白巧克力液变硬，可以把饼干放到小火前烤一下，稍稍融化继续划出花纹即可。

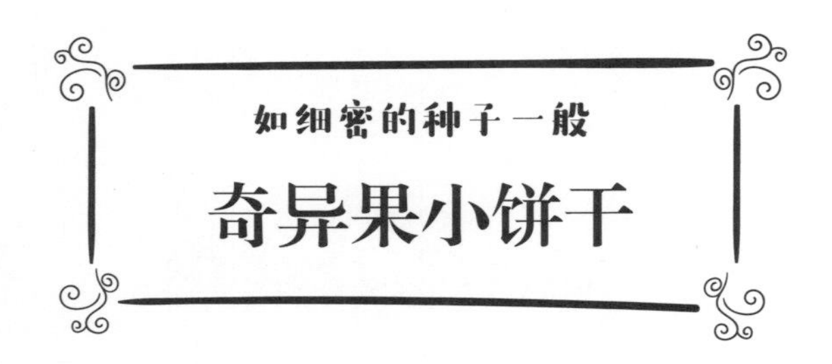

如细密的种子一般

奇异果小饼干

看视频，学烘焙

老婆饼里没有老婆，奇异果小饼干里也没有奇异果。很神奇吧？这个有趣的小玩意儿，其实是模仿奇异果的样子，制作成的小饼干。

把一个奇异果切开，从外而内，依次是棕色、绿色、淡黄色，我们可以根据颜色来挑选食材，棕色部分用可可粉，绿色自然是抹茶，黄色就用面团本身的颜色，层层镶嵌起来。烤制前，还可以在“奇异果”切面撒上一层芝麻，如细密的种子一般。

我觉得有一种童趣在这个饼干里面，可爱，新鲜，对世界充满着好奇。愿我们内心如奇异果一般，打开了全是清新。

材料

低筋面粉 275 克
黄油 150 克
糖粉 100 克
全蛋液 50 毫升
抹茶粉 8 克
可可粉 5 克
吉士粉 5 克
黑芝麻适量

工具

刮板
擀面杖
保鲜膜
刀
高温布
烤箱

做法

1. 低筋面粉倒在案台上，用刮板开窝。
2. 倒入糖粉、全蛋液，搅拌均匀。
3. 倒入黄油，混匀，揉搓成面团，分成三等份。
4. 取其中一个面团，加入吉士粉，揉搓均匀制成吉士粉面团。
5. 取另一个面团，加入可可粉，揉搓均匀制成可可面团。
6. 将最后一个面团加入抹茶粉，揉搓均匀制成抹茶面团。
7. 将吉士粉面团搓成长条形，用擀面杖将抹茶面团擀成面皮，放上吉士粉面条，卷好，裹上保鲜膜，放入冰箱，冷冻 2 小时至定型。
8. 取出冷冻好的面条，撕掉保鲜膜，把可可粉面团擀成面皮，把冷冻好的面条放入可可粉面皮中，卷起来，制成三色面条，裹上一层保鲜膜放入冰箱，冷冻 2 小时至定型。
9. 取出冷冻好的面条，撕掉保鲜膜，用刀将面条切成厚薄均匀的饼坯，放在垫有高温布的烤盘上，在饼坯中间点缀上适量黑芝麻。
10. 将烤盘放入预热好的烤箱中，以上、下火 170℃烤 15 分钟至熟即可。

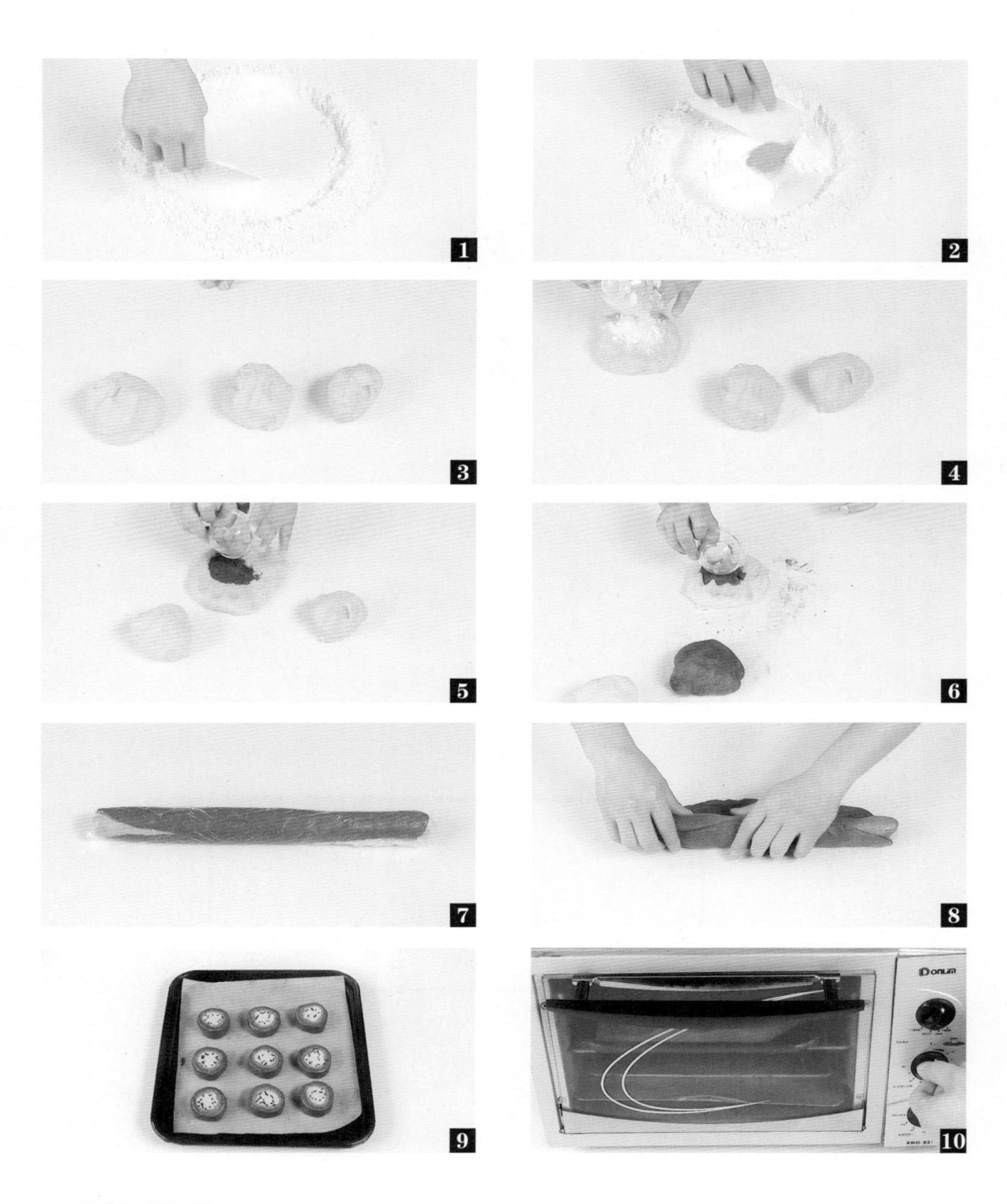

烘焙课堂

拌好的面团整形成长条形的时候，如果面团比较黏手，可以放入冰箱冷藏一会儿，待面团不那么黏手后再操作，或者在手掌上拍一层薄薄的面粉防黏。

看视频，学烘焙

来自糕点师的恶作剧

格格花心

周华健的《花心》，是一曲暴露年龄的歌，20世纪90年代风靡大街小巷。我现在还能凭着记忆哼出旋律来：花的心藏在蕊中，空把花期都错过。你的心忘了季节，从不轻易让人懂……

那时我们还年少，唱起来故作沧桑，有一种“为赋新词强说愁”的即视感。春去春会来，花谢花会开，多少新曲变旧调，多少人的匆匆那年，就这样度过了。

“格格花心”的名字听起来比较轻佻，更像一个来自糕点师的恶作剧。在饼干的表层，用纵横的线条框出一个个小格子，我还见过有人把它命名为“格格巫”，倒也很有童趣。

黄油 100 克，鸡蛋 1 个，糖粉 50 克，奶粉 15 克，低筋面粉 175 克，蛋黄 1 个

刮板，刷子，高温布，竹扦，烤箱

做法

1. 低筋面粉倒在案台上，开窝。
2. 倒入糖粉、鸡蛋，和面，用手揉至均匀。
3. 加入黄油，继续揉面，揉至黄油与面团完全混合。
4. 加入奶粉，将其揉搓成光滑的面团。
5. 把面团揉搓成长条形，用刮板切成大小均匀的小剂子，再搓成圆饼形生坯。
6. 把生坯均匀地放入垫有高温布的烤盘里，用刷子在生坯表面刷上一层蛋黄液 .
7. 用竹扦在蛋黄液上划出网格花纹。
8. 放到预热好的烤箱中，以上、下火 170℃烤 15 分钟至熟，取出放凉后装入盛器即可。

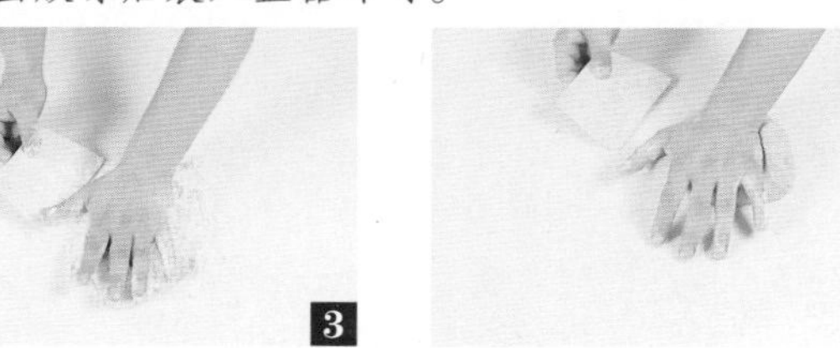

烘焙课堂

在烘焙开始之前，有很多材料需要提前恢复至室温，最常见的是黄油。黄油通常放置在冰箱中存放，质地比较硬，我们在操作时，要提前将其软化。

PART 3

遇见面包，朝夕“香”伴的美好

面包是我们生活中的好朋友，早餐面包、午餐面包，总有一款属于你的面包。动手做起来，不含添加剂，吃得营养又健康，轻轻一揉便能做出心仪的面包，温暖家人，也温暖自己。

看视频，学烘焙

少了清脆，多了醇香

枣饽饽

我还记得枣花的味道。零零星星，小小细密地散落在枝桠上，不张扬，不盛大，点缀着满目的翠绿。风吹过来，枣花幽幽的香就漫出来，飘出去。

我觉得，那一抹香其实是一种特别的力量，看似微不足道，又足以覆盖一切，没有人可以忽略它。后来，枣花散了香，结成了青枣，在秋天里红了衣裳。它甜，却不是具有侵略性的那种甜，而是伴着一股不屑于争抢的低调和安分。

晒干之后，水分蒸发，少了清脆，多了醇香，又点缀进了面包里。我们叫它枣饽饽，土土的名字，就像枣子淡然走过的一生，朴实而无华。

高筋面粉 500 克，黄油 70 克，奶粉 20 克，细砂糖 100 克，盐 5 克，全蛋液 50 毫升，清水 200 毫升，酵母 8 克，红枣条适量

打蛋器，玻璃碗，刮板，保鲜膜，烤箱

做法

1.将细砂糖倒入玻璃碗中，加入清水搅拌匀，制成糖水。
2.将高筋面粉倒在案台上，加入酵母、奶粉，混匀，开窝。
3.倒入糖水，揉匀，加入全蛋液，继续揉匀。
4.倒入黄油，继续揉面，加入盐，揉成光滑的面团。
5.用保鲜膜包住面团，静置10分钟，然后撕掉保鲜膜。
6.取适量面团，用刮板切成两个均等的剂子。
7.分别揉成略方的面团，将其四边捏起，呈十字隆起的边。
8.取适量的红枣条，分别插在四条面边中，放入烤盘常温发酵2小时，再放入预热好的烤箱中，以上、下火190℃烤10分钟即可。

1

2

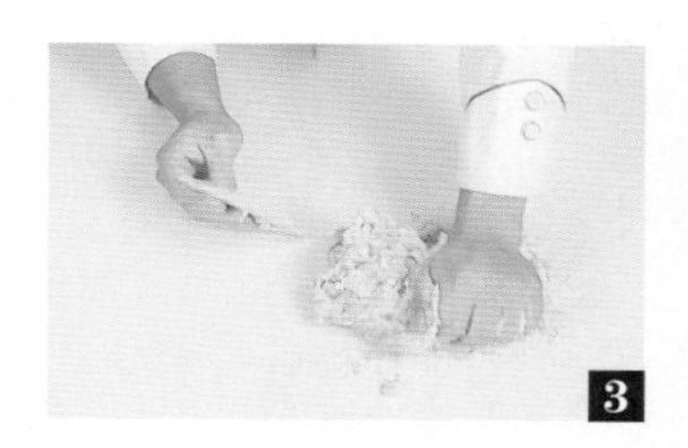
3

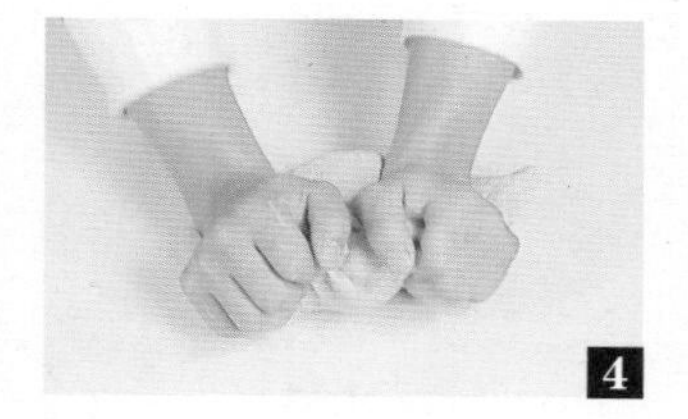
4

5

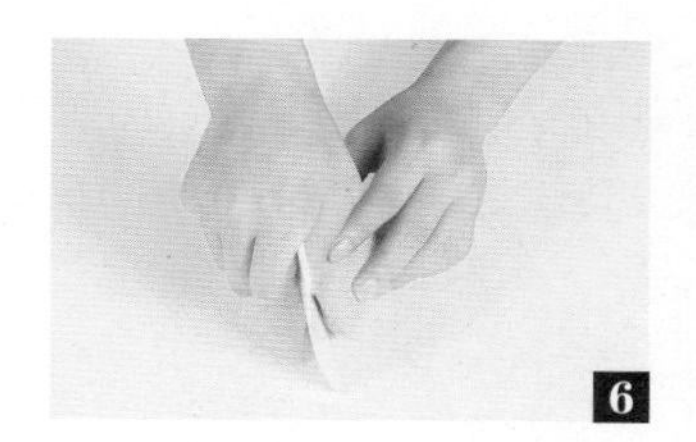
6

7

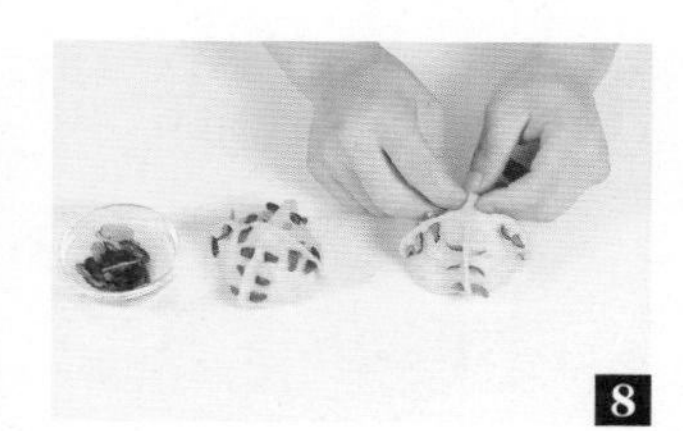
8

烘焙课堂

做面包时，经常会有这样的疑问：用纯净水做面包会不会更好？答案是否定的。纯净水不含矿物质，酵母可不喜欢它，自来水反而会更好。

让生活精致一点

咖啡奶香面包

与饼干相比，面包的蓬松柔软更得人青睐，缺点是储存时间不长，做出来就得赶紧吃了。咖啡奶香面包，是最佳早餐选择之一，甜且香，即便是微量的咖啡粉也有提神作用，美好的一天一定要从面包开始。

早餐非常重要，不仅仅关乎我们的健康，还关乎精神状态。很多年轻的上班族习惯了在赶车的路上吃早餐，或者匆匆路边买个茶叶蛋。总觉得太敷衍的开始，迎不来饱满的过程。想让生活精致一点，就从坐下来，美美地吃一个面包、喝一杯牛奶开始。

材料

面团

高筋面粉 250 克

干酵母 2 克

黄油 30 克

鸡蛋 30 克

盐 3 克

细砂糖 100 克

牛奶 15 毫升

水 120 毫升

馅料

黄油 45 克

糖粉 45 克

鸡蛋 40 克

低筋面粉 40 克

纯速溶咖啡粉 4 克

工具

烤箱

面包机

玻璃碗

打蛋器

裱花袋

剪刀

电子秤

做法

1.备好面包机，依次放入水、牛奶、30克鸡蛋、细砂糖、高筋面粉、干酵母、盐、30克黄油，按下启动键，进行和面。

2.把发酵好的面团分成2个重约60克的小面团，搓圆，放进烤盘，再放入烤箱发酵1~2小时。

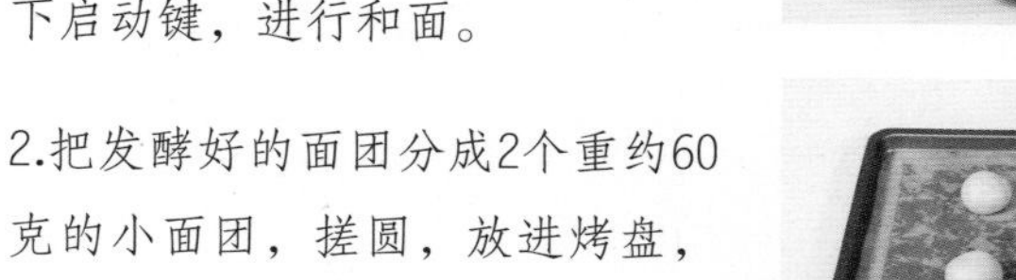

3.备好一个玻璃碗，依次放入40克鸡蛋、纯速溶咖啡粉、45克黄油、糖粉、低筋面粉，用打蛋器充分搅拌均匀。

4.将搅拌好的馅料装入裱花袋中，在其底部用剪刀剪个小口，将馅料以画圈方式挤到发酵好的面团上。

5.以上火170℃、下火160℃预热好烤箱，把成形的面团放进烤箱烘烤约12分钟，至面包表面金黄即可出炉。

烘焙课堂

大部分情况下，水是除了面粉以外用量最大的配料。水的添加量关系着面团的软硬程度，含水量越大的面团，越容易揉出面筋，而不同品种、筋度的面粉，吸水量不同。因此，配方的水量只供参考，需根据实际情况调整合适的水量。

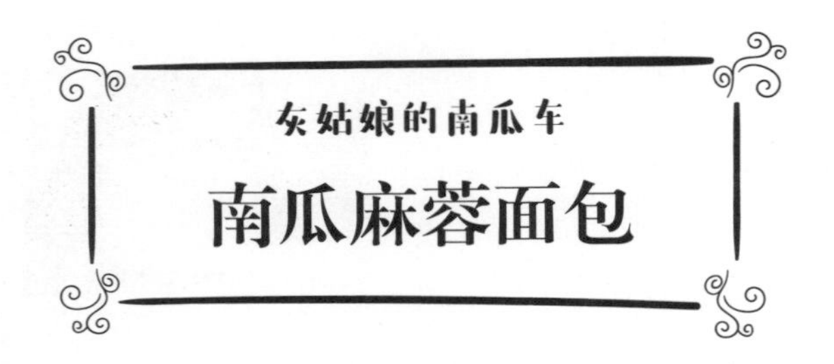

灰姑娘的南瓜车

南瓜麻蓉面包

灰姑娘等到了她的南瓜车，不用在后厨忙碌烧火，奔向童话里的王子，有了一个完美结局。

除了充当灰姑娘的代步车，南瓜还是一种很受喜爱的食材，南瓜饼、南瓜面包，都拥有众多粉丝。南瓜的好搭档还有麻蓉，跟它一样接地气，是用黑芝麻、猪油和糖粉加工成的传统馅料，所以，南瓜麻蓉面包也算得上是我们本土的传统面包了。

南瓜的色泽和香气，让面包独具一股生活气息，色泽也更加金灿灿。把面包掰开，麻蓉就喷涌出来，那感觉，好像忽然迎来了一个惊喜。

材料

面团材料

高筋面粉 255 克

南瓜泥 170 克

细砂糖 25 克

盐 2 克

干酵母 3 克

奶粉 15 克

牛奶 30 毫升

橄榄油 15 毫升

全蛋液适量（留部分刷面用）

表面装饰

甜杏仁适量

馅料

黑芝麻 70 克

糖粉 30 克

蛋清 30 毫升

打蛋器

玻璃碗

保鲜膜

刮刀

电子秤

冰箱

擀面杖

蛋糕模具

烤箱

刷子

做法

1.细砂糖、干酵母倒进高筋面粉中混匀，倒在案台上，中间开窝。

2.倒入牛奶、全蛋液混匀后，倒入奶粉、南瓜泥混合均匀，揉至无粉粒状态。

3.倒入盐，揉至均匀。

4.倒入橄榄油，继续揉面，可在案台上稍加摔打，使其混合均匀。

5.揉成面团，用玻璃碗盖住，静置10～15分钟。

6.蛋清、糖粉倒入玻璃碗中搅拌均匀，倒入黑芝麻，搅拌均匀制成馅料。

7.将面团分成35克/个的小面团，搓圆，均匀地放入烤盘中，盖上一层保鲜膜，包起来，放入冰箱冷冻7～8分钟。

8.取出冷冻好的面团，撕掉保鲜膜，用擀面杖将小面团擀扁，刮入一层馅料，卷起来，搓长。

9.每三根长形面条顶部叠在一起，按紧接口，编成辫子的形状，放入蛋糕模具中，两两首尾结合，放入烤箱中发酵至两倍大小。

10.取出发酵好的面团生坯，刷上一层全蛋液，撒上甜杏仁，放入预热好的烤箱中，以上火185℃、下火175℃烤17分钟。

烘焙课堂

在实际操作过程中，牛奶的量要根据南瓜的干湿程度进行调整。如果南瓜泥很湿，先加 1/3 的牛奶，不够再一点一点加，有的南瓜泥很面，水分不多，那就多加些牛奶。

简单温和，总不会错

调理面包

“我想吃一个面包，你能不能给我做？”

“想吃什么面包？”

“不知道，随便吧。”

没有随便，那就来一个调理面包吧，简单温和，总不会错。

有时候，会忽然想吃某种东西，是非吃不可的那种渴望。大多数时候，是到了该吃点东西的时候，权衡一下，那就选择一个不错的吧。

面团：高筋面粉 300 克，糖 60 克，盐 6 克，酵母 4.5 克，改良剂 4.5 克，全蛋液 30 毫升，黄油 30 克，水 165 毫升

馅料：培根 50 克，马苏里拉 20 克，沙拉酱 20 克，黑椒粒 2 克

刮刀，擀面杖，刷子，玻璃碗，电子秤，冰箱，烤箱，刀

面团

1.糖、改良剂、酵母倒入高筋面粉中混匀，倒在案台上，开窝。

2.倒入全蛋液、水混合均匀，揉搓至无粉粒状态。

3.倒入盐，揉匀。

4.加入黄油，继续揉面，可在案台上稍加摔打，使其充分混合，揉成面团，用玻璃碗盖住静置10～15分钟，取出。

5.用刀将培根切成丁，放入玻璃碗中，倒入黑椒粒、马苏里拉、沙拉酱搅拌均匀，制成馅料。

6.将面团分成70克/个的小面团，搓圆，均匀地放入烤盘中，放入冰箱中冷冻7～8分钟，取出。

7.将小面团擀扁，再擀成上窄下宽，上厚下薄的形状，刮入馅料卷起来，放进烤盘，再放进烤箱发酵至两倍大。

8.取出发酵好的面团，表面刷上一层蛋液，装饰上马苏里拉，放入烤箱中，以上火185℃、下火175℃烤15分钟即可。

1

2

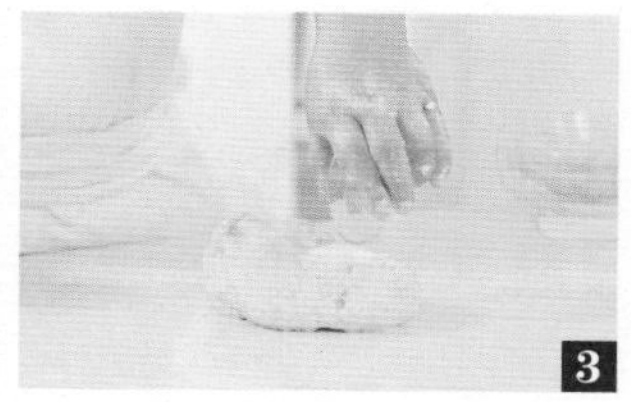
3

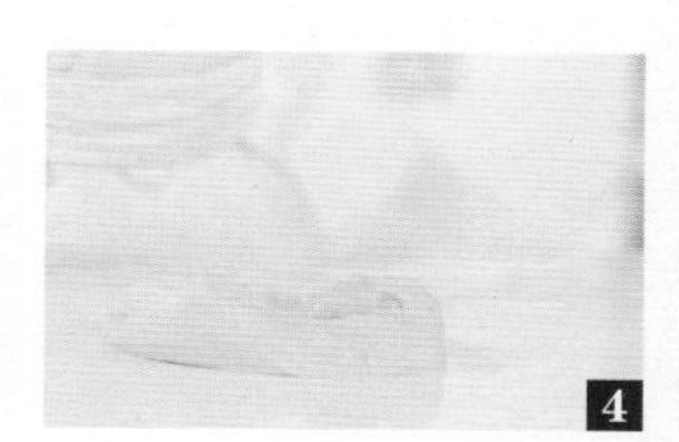
4

5

6

7

8

得天独厚的优势

芒果面包

看视频，学烘焙

当水果遇到面包，彼此都打开了一扇通往新世界的大门。对面包而言，它不再只是一种枯燥单一的主食，对水果而言，自己也不再只是饭后的调剂。

芒果最大的特点就是香味丰富，一颗熟透的果实摆在房间里，味道瞬间铺满了房间。它适合用来做果酱，香甜之外，还有一种温暖的感觉在里面。

芒果和黄桃果肉厚实，都经常被用来镶嵌在面包里，而二者的区别就是，黄桃要经过加工，制成罐头后才好使用，而芒果可以新鲜上阵，直接使用。谁让它新鲜的果实都自带了软绵香甜呢？芒果面包，有得天独厚的优势。

高筋面粉 500 克，黄油 70 克，奶粉 20 克，细砂糖 100 克，盐 5 克，全蛋液 50 毫升，酵母 8 克，植物鲜奶油 100 毫升，芒果肉 75 克，玉米淀粉 70 克，芒果果肉粒少许，水 240 毫升

刮板，刮刀，电动打蛋器，手动打蛋器，裱花袋，玻璃碗，电子秤，剪刀，烤箱，保鲜膜

做法

1.将细砂糖、200毫升水倒入玻璃碗中，用手动打蛋器搅至糖溶化。

2.把高筋面粉、酵母、奶粉倒在案台上开窝，倒入糖水，将材料混合均匀，并按压成形。

3.倒入全蛋液，混合均匀，揉成面团。

4.将面团稍稍拉平，倒入黄油，继续揉搓至黄油与面团完全融合。

5.加入盐，揉匀，揉成光滑的面团，用保鲜膜包起来，静置约10分钟。

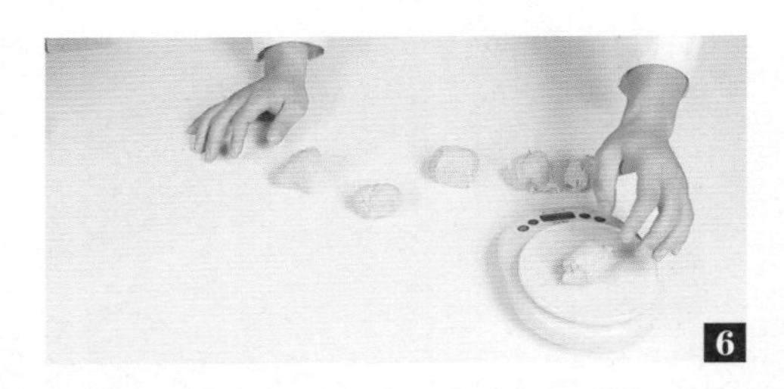

6.撕掉保鲜膜，将面团分成60克/个的小面团，搓圆。

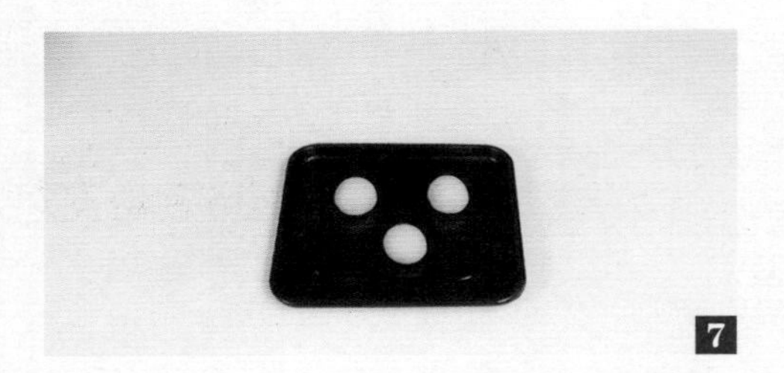

7.取3个小面团，放入烤盘中，使其发酵90分钟，备用。

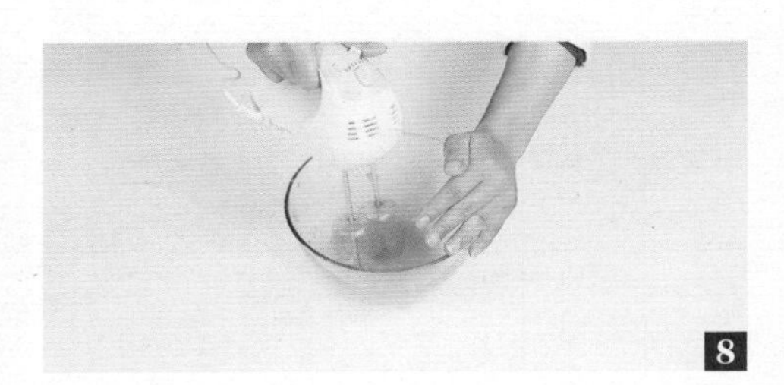

8.将40毫升水、芒果肉倒入玻璃碗中，用电动打蛋器搅拌均匀。

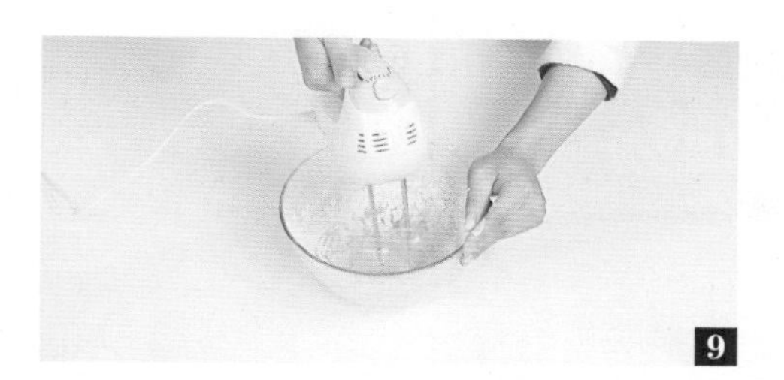

9.加入玉米淀粉，倒入植物鲜奶油，快速搅匀，制成芒果酱。

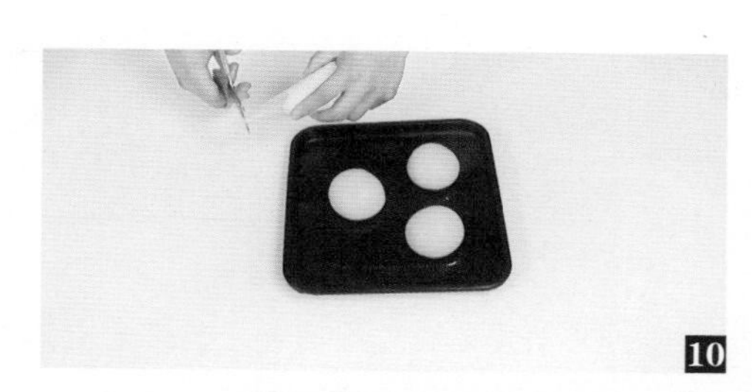

10.用刮刀将芒果酱装入裱花袋中，用剪刀在尖端部位剪开一个小口。

11.用手在面团中间按一个小孔，然后挤上芒果酱，在小孔中放入少许芒果果肉粒。

12.将生坯放入预热好的烤箱中，以上下火均为190℃烤15分钟至熟即可。

烘焙课堂

在烘烤面包的时候，如果面包粘在一起了，粘黏的部分不会像其他部分那样很快烤熟。为了可以均匀地烘烤，最好先把面包分开，然后再继续烘烤。

没有想象中的那么难

蒜香面包

西餐里常见的蒜香面包，其实是由法棍面包加工而成的。

法棍属于麦香味道浓郁的健康原味型面包，口感比较硬，嚼起来有韧性，保存的时间不宜过长，否则硬度还会“更上一层楼”，让人爱莫能食。人们经常以法棍为基础，升级一下新的吃法，比如抹上果酱、花生酱，或者鱼子酱，当是一道西式小点，这些都是不错的尝试。

还可以将法棍切成一片片，表面抹上新鲜的蒜泥、剁碎的法香，送入烤箱再次烘烤。很快，蒜香面包就出炉了，口感变得脆生生的，你还认得出它是法棍吗?

做法

1.将烤箱通电，以上火180℃、下火150℃进行预热。

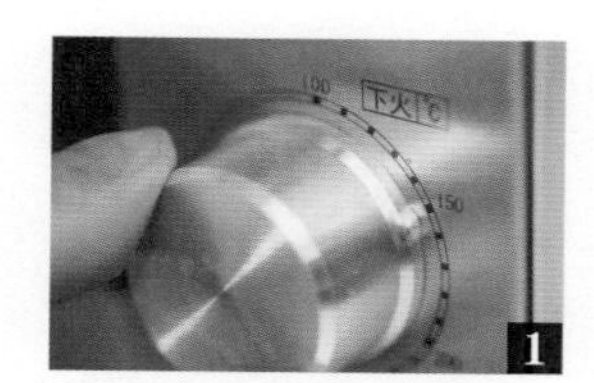

2.把盐、细砂糖、蒜泥倒入玻璃碗中，用长柄刮板搅拌均匀。

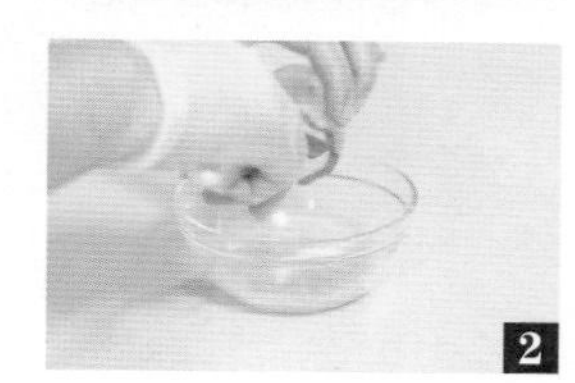

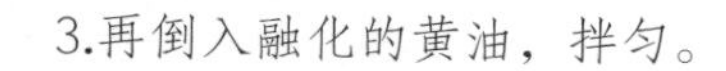

3.再倒入融化的黄油，拌匀。

4.用奶油抹刀将蒜泥膏抹在吐司片上，然后摆放在烤盘中。

5.将烤盘放入预热好的烤箱中烘烤约15分钟。

6.取出烤好的面包装盘即可。

材料

吐司片 2~3 片
黄油 50 克
盐 3 克
细砂糖 5 克
蒜泥 50 克

工具

玻璃碗
长柄刮板
奶油抹刀
烤箱

烘焙课堂

在进行素食烘焙时，黄油是很容易取代的。按照烘焙食谱烘烤一份天然香味的面包时，例如这一款蒜香面包，用橄榄油或者冷榨麻油代替也可以做得很好。在以液态糖类或者固态脂类做糕点时，则可以用菜籽油来代替黄油。

用心制作每一个面包

意大利面包棒

据说，意大利面包棒起源于意大利的都灵和山麓地区。意大利面包棒酥脆狭长，如同绵长的山脉一般。而都灵，号称巧克力之都，意大利最甜的城市。

制作这种长条形面包的时候，如果是纯手工，就要一次揉搓一块面团，将每一块面团都耐心揉搓成所需要的长度，经过发酵后烘焙。这样，每一条面包棒形状各异，各不相同。机械化的面包生产常常制造出一模一样的面包，想想跟应试教育似的，总想把每一个学生都教育成同一模子里刻出来的好学生，却忽略了，人应该各具特色。

所以，我还是喜欢慢条斯理，用心、用手来制作每一个面包。

高筋面粉 500 克，黄油 70 克，奶粉 20 克，细砂糖 100 克，盐 5 克，全蛋液 50 毫升，水 200 毫升，酵母 8 克，橄榄油适量

打蛋器，玻璃碗，刮板，保鲜膜，刷子，擀面杖，烤箱

做法

1.将细砂糖、水倒入玻璃碗中，搅拌至细砂糖溶化。

2.将高筋面粉倒在案台上，加入酵母、奶粉，混匀，开窝。

3.倒入糖水在混合好的高筋面粉上，揉匀成湿面团。

4.倒入全蛋液，揉搓均匀，倒入黄油，揉至使其充分混合。

5.加入盐，揉成光滑的面团，用保鲜膜包好，静置10分钟，醒面，撕掉保鲜膜。

6.取一半面团，用刮板切成4个等份的剂子，搓圆，用擀面杖擀成厚薄均匀的面皮，卷起，搓成长条形，制成生坯。

7.将生坯放入烤盘发酵至两倍大，然后表面刷一层橄榄油。

8.再放入预热好的烤箱，以上下火200℃烤20分钟至熟。

1

2

3

4

5

6

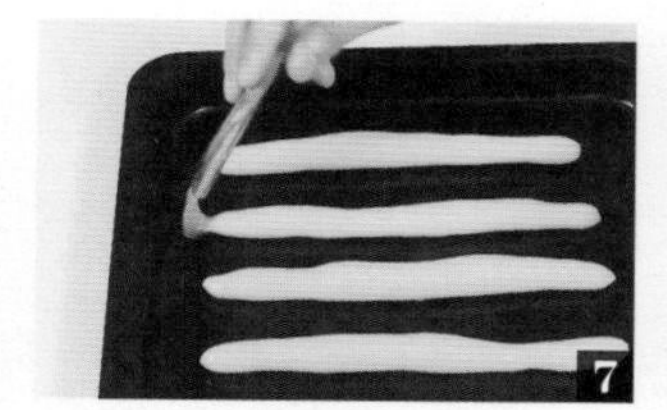
7

8

烘焙课堂

如果烘烤出来的面包体积较小，组织粗糙且有掉渣现象，可能是面粉面筋太低，也可能是面团搅拌不完全，没有达到面筋的最好程度。

美丽的视觉冲击

花形果酱面包

据说，面包起源于公元前3000多年的古埃及，慢慢才成为西方的主食。面包发展史上，人们不仅追求食材上的丰富性和口感的提升改进，也追求外观上的不断变化。我们对面包有双重要求：食用价值和欣赏价值。

花形面包，其实算不得创新了。人们对鲜花有一种天然的喜爱，在古代，人们就试着将食物制成花朵的形状，或者干脆将花朵作为食材。

果酱的添加是小小的画龙点睛，草莓酱，蓝莓酱，这样色彩鲜明的果酱最好，覆盖在花形面包上，有那么一小股美丽的视觉冲击。这又是花又是果的，总感觉到了农场的样子。

材料

金像面包粉 200 克
奶粉 10 克
细砂糖 25 克
盐 2 克
水 130 毫升
干酵母 2 克
黄油 20 克
草莓果酱适量

工具

刮板
擀面杖
蛋糕模具
玻璃碗
电子秤
保鲜膜
冰箱
勺子
烤箱

做法

1.奶粉、干酵母、细砂糖倒入金像面包粉中混匀，倒在案台上，中间开窝。
2.倒入水，和匀，揉至无粉粒状态。
3.倒入盐，再次揉面，揉至八成，能拉出一层透明的薄膜。
4.加入黄油，继续揉面，可在案台上稍加摔打，使黄油与面团完全混合。
5.揉成面团，用玻璃碗盖上，静置10～15分钟后取出。
6.将面团分成30克/个的小面团6个，150克/个的大面团1个，搓圆，均匀地放入烤盘中。
7.在烤盘上包上一层保鲜膜，放入冰箱中冷冻7～8分钟，取出。
8.撕掉保鲜膜，大面团用擀面杖擀成圆饼，放进蛋糕模具底部。
9.小面团搓圆，摆在模具四周，留出中间部分，倒入草莓果酱，抹平，放入烤箱中发酵30分钟。
10.发酵好的面团放入预热好的烤箱，以上火165℃、下火190℃烤18分钟至熟即可。

烘焙课堂

做面包时，一定要加盐。盐可以增强面团的筋力，面团内缺少盐，醒发后，面团会出现下塌现象；其次，盐也可以调节面团的发酵速度，加了盐的面团，发酵速度虽然相对较慢，但是发酵较稳定，不容易发酵过度，发酵时间也比较容易掌握。

乳香四溢的花朵

芝士花瓣面包

生活节奏越来越快，大多数人都过得粗枝大叶，不拘小节。注重细节的人是美的，他们认真，细心，内心有自己的标尺和追求，日子从不敷衍。

面包的功能不仅仅是填饱肚子，它还可以调节心情。芝士花瓣面包，就好像一个乳香四溢的花朵，它的制作工艺并不复杂，但要保持对细节的苛求。在加入芝士的时候，可以挤入一点点柠檬汁，在乳香之外会更增添一丝清新。

在修剪花瓣时，更是一个精雕细琢的过程。烘焙也需要工匠精神，像剪纸，像雕刻，倾注了心思在里面，它才会用美丽来回报你。

材料

高筋面粉 220 克
细砂糖 35 克
温水 125 毫升
盐 1.25 克
酵母粉 33 克
黄油 15 克
奶油奶酪 150 克
柠檬半个
糖 20 克
蛋液 35 毫升（留部分刷面用）
杏仁片适量

工具

玻璃碗
刮板
刮皮器
裱花袋
电子秤
保鲜膜
冰箱
擀面杖
刷子
烤箱

做法

1.高筋面粉倒在案台上，中间开窝，倒入细砂糖、蛋液、酵母粉。

2.分次倒入温水和匀，在案台上摔打至无粉粒状态。

3.倒入盐，和匀。

4.加入黄油，继续揉面，可在案台上稍加摔打使黄油与面团充分混合，揉成面团，用玻璃碗盖住静置10～15分钟，取出。

5.奶油奶酪倒入玻璃碗中按压，倒入糖搅拌均匀。

6.用刮皮器刮入柠檬皮，搅拌均匀，挤入柠檬汁，继续搅拌匀制成芝士馅，静置10～15分钟后装入裱花袋中。

7.将面团分成70克/个的小面团，搓圆，放入烤盘中，包一层保鲜膜，放入冰箱中冷冻7～8分钟，取出，撕掉保鲜膜。

8.将小面团整成圆饼形，挤入芝士馅包起来，擀扁，用刮板切成均匀的六瓣，中间不切断。

9.每一瓣都翻转90°成花瓣的形状，均匀地放入烤盘，使其在烤箱中发酵至两倍大。

10.生坯上刷上一层蛋液，放上杏仁片，放进预热好的烤箱中，以上火175℃、下火160℃烤16分钟至熟即可。

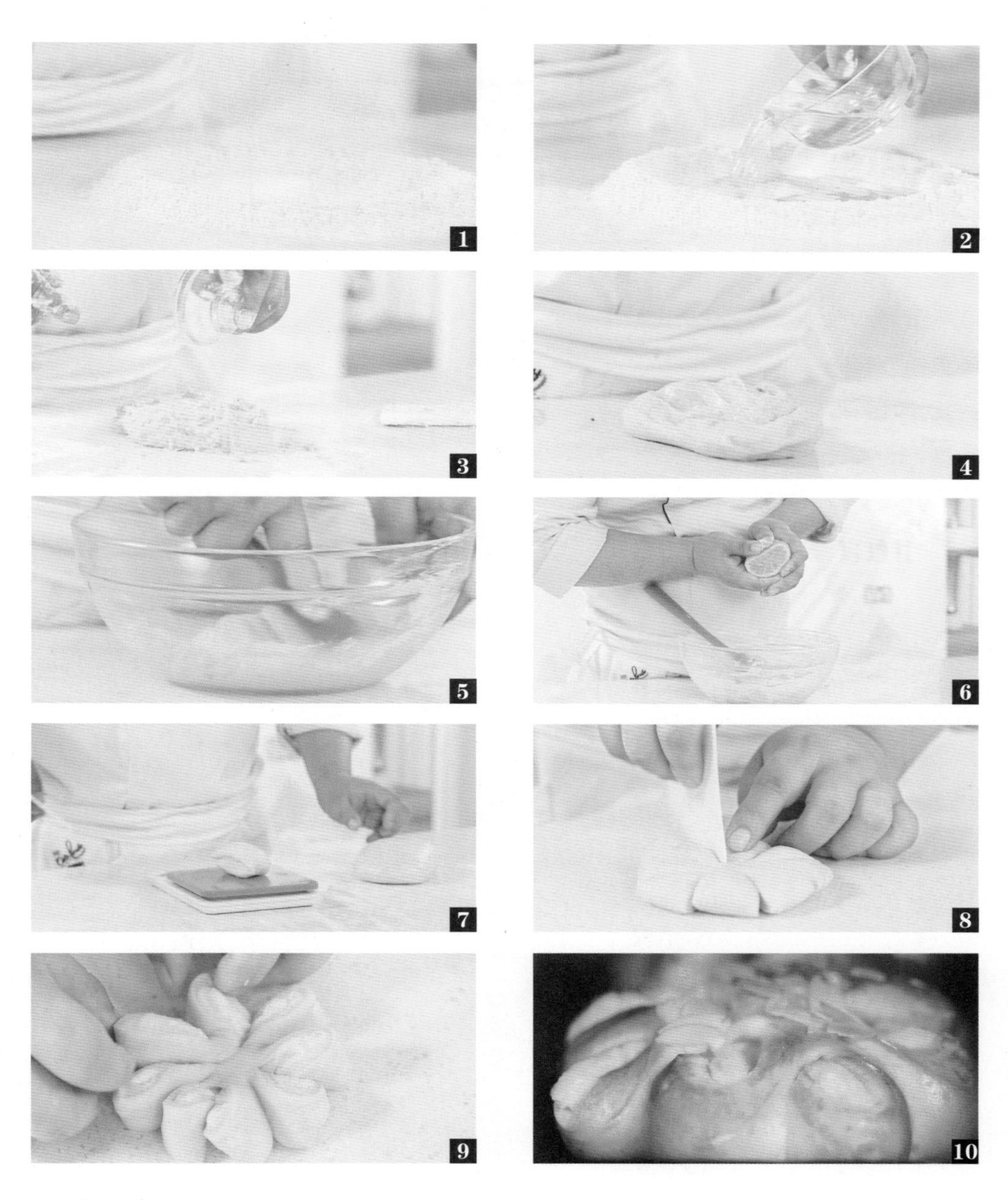

烘焙课堂

面包已完成最后发酵，却忘记预热烤箱，这时可以把面包放入冰箱内延缓发酵，同时打开烤箱预热。预热好之后，面包要静置在案板上，过15分钟之后再放进烤箱。

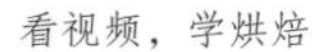

看视频，学烘焙

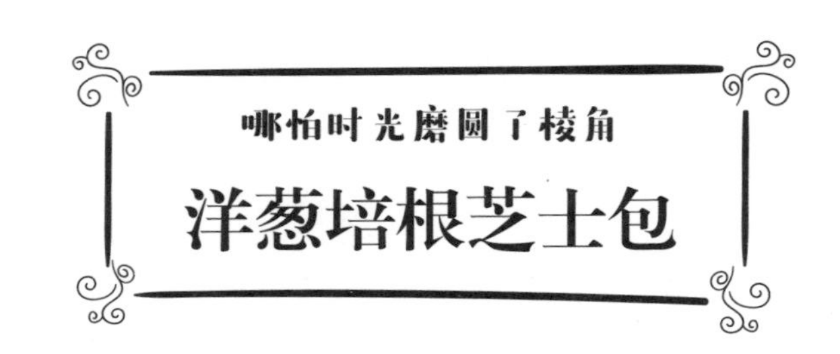

哪怕时光磨圆了棱角

洋葱培根芝士包

觉得心酸难过的时候，就去吃生洋葱吧，芥末也可以，假装是因为味道太呛，才忍不住红了眼眶，酸了鼻腔。

生洋葱有这样催人泪下的功效，当它成为一种食材，跟培根、芝士一起加工制作成面包，从此少了一份刺激，多了一份柔和。就好比，一个人从青涩变成熟，终于不再遇事就大喜大悲，而是可以淡然处之。

混在面包里烤熟，洋葱的爽口清脆还保留了一些，仔细品尝，还有一丝明显的回甜。就好比，哪怕时光磨圆了棱角，消泯了犀利，也仍旧维持了最本真的初心，始终不变。

材料

面团

高筋面粉 500 克

酵母 8 克

鸡蛋 1 个

黄油 70 克

盐 5 克

细砂糖 100 克

水 200 毫升

奶粉 20 克

馅料

培根粒 45 克

洋葱粒 40 克

芝士粒 30 克

工具

刮板

打蛋器

玻璃碗

保鲜膜

擀面杖

面包纸杯

烤箱

做法

1.将细砂糖、水倒入玻璃碗中，用打蛋器搅拌至糖溶化。

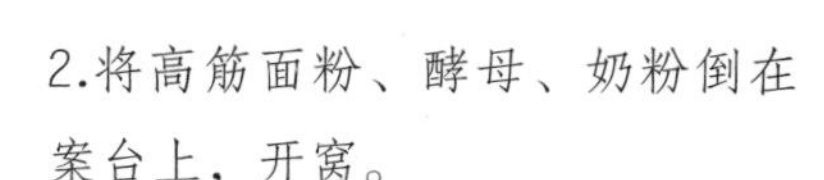

2.将高筋面粉、酵母、奶粉倒在案台上，开窝。

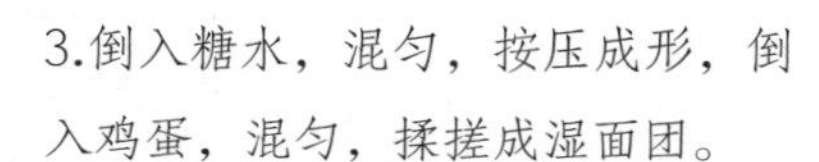

3.倒入糖水，混匀，按压成形，倒入鸡蛋，混匀，揉搓成湿面团。

4.将面团稍微拉平，倒入黄油、盐，揉搓成光滑的面团，用保鲜膜包起来，静置10分钟，撕掉保鲜膜。

5.取适量面团，用擀面杖擀成厚薄均匀的面饼，铺上芝士粒、洋葱粒、培根粒，卷成橄榄状的生坯。

6.用刮板将生坯切成三等份，放入备好的面包纸杯中，常温发酵2小时；再放入预热好的烤箱中，以上下火均为190℃烤约10分钟至熟即可。

烘焙课堂

制作面包时，鸡蛋可以增加面团的水分；烤面包时，鸡蛋可以起到黏结的作用。同时，鸡蛋也是膨松剂，在烘烤时，能让食物变大。家中没有鸡蛋时，可以用磨碎的亚麻籽代替，三汤匙水加入到一汤匙磨碎的亚麻籽中等同于加入了一个鸡蛋。

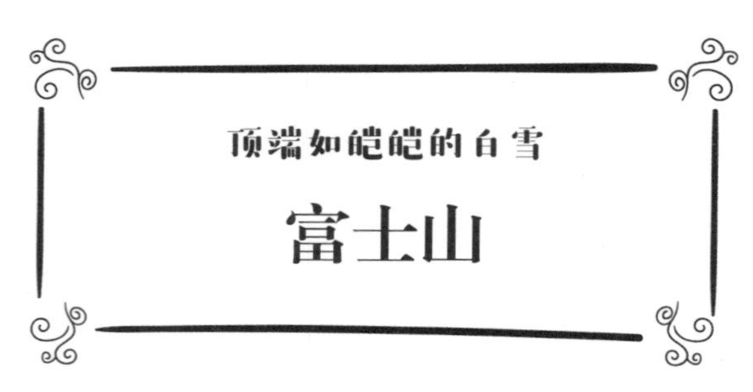

顶端如皑皑的白雪

富士山

它顶端如皑皑的白雪，就像富士山的山端。双手撕开它的一瞬间，温热的手感从指间传来，我感受到它香脆的表皮，还有柔软的内里。

为一个面包取一个美丽的名字，是这世间最美好的事情了。每次烤制这个名叫富士山的面包，都觉得心中产生一种特殊的情感，在心里缭绕，升腾，又难以仔细描绘，很难将它清晰地表达。

歌神陈奕迅在台上轻轻唱，谁能凭爱意让富士山私有。拦路雨偏似雪花，饮泣的你懂吗？给不了你一座富士山，给你亲手做一个名叫富士山的面包，可好？愿美味能抚慰你。

面团： 高筋面粉 400 克，酵母 8 克，细砂糖 100 克，鸡蛋 100 克，盐 3 克，水 120 毫升，黄油 130 克

表皮 A： 蛋黄 130 克，细砂糖 140 克，低筋面粉 105 克，高筋面粉 100 克

表皮 B： 蛋清 220 克，细砂糖 70 克，糖粉少许（装饰）

电子秤，刮板，圆形模具，玻璃碗，长柄刮板，电动打蛋器，裱花袋，面粉筛，面包机，烤箱

做法

1.把高筋面粉、酵母、细砂糖、鸡蛋、盐、水和黄油倒进面包机中拌匀。

2.取出面团，用刮板切成120克/个的小面团。

3.将面团搓成长条形并打结成团，放入内壁刷有黄油的圆形模具中，放入烤箱，发酵约40分钟。

4.将蛋黄和细砂糖放入玻璃碗，再加入高筋面粉和低筋面粉搅拌均匀，制成表皮A。

5.将蛋清和细砂糖倒入另一个玻璃碗，用电动打蛋器打至八成发，制成表皮B。

6.用长柄刮板把表皮A 和表皮B混合并翻拌均匀，装入裱花袋。

7.挤在发酵好的面团上，放入烤箱以上火190℃、下火170℃烤15分钟。

8.取出烤好的面包，冷却后筛上糖粉即可。

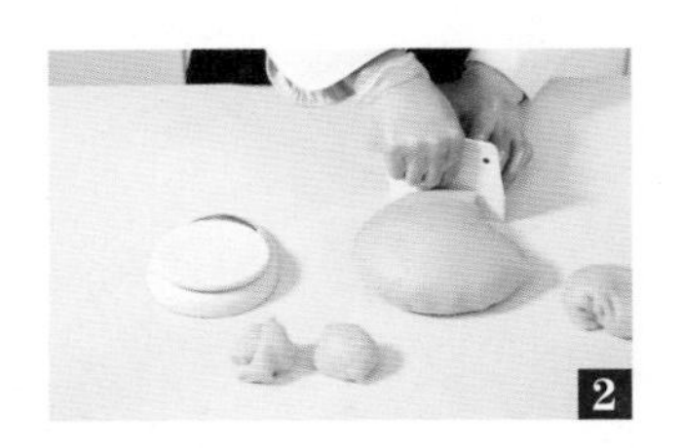

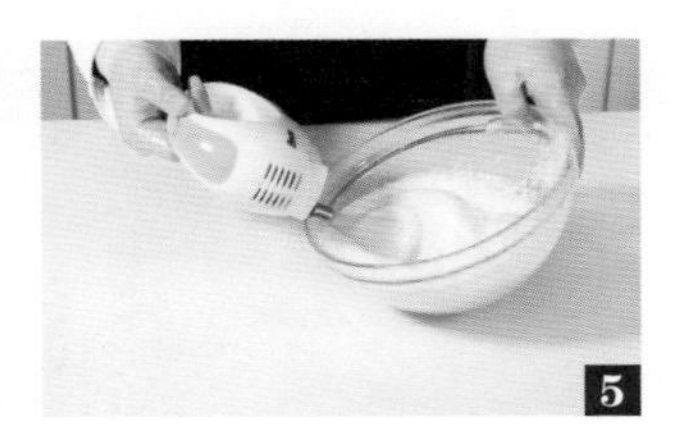

看视频，学烘焙

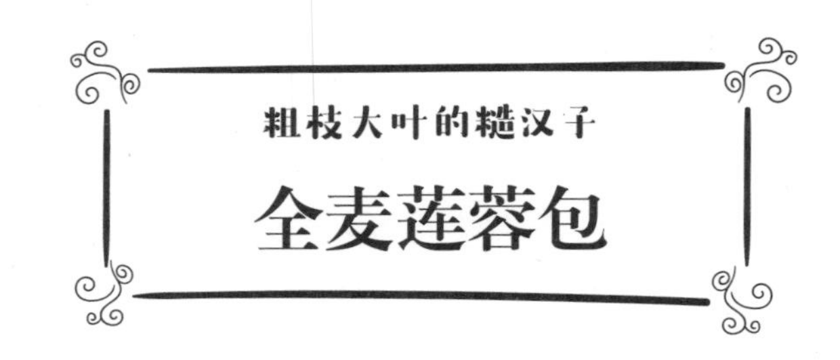

粗枝大叶的糙汉子

全麦莲蓉包

有人做过一项调查，在月饼里，最不受欢迎的是五仁月饼，最受欢迎的是莲蓉蛋黄月饼。与五仁馅那种毫无主题的大杂烩相比，莲蓉确实要简单干脆多了。其主要材料是莲子，味道清新低调，半透明一般的颜色，看起来也是一道小清新。

莲蓉配全麦，适合低糖做法，是很健康的食物。如果说，精粉制作的面包是娇生惯养的小女子，那么全麦面包就是粗枝大叶的糙汉子。颜色偏褐，像风吹日晒过一样，掰开都能看到麦麸的小颗粒，质地粗糙。

现在全麦面包大受追捧，口味简单，全天然的麦香味。谁说粗汉子没有春天呢？

材料

全麦面粉 250 克
高筋面粉 250 克
盐 5 克
酵母 5 克
细砂糖 100 克
水 200 毫升
鸡蛋 1 个
黄油 70 克
莲蓉馅 50 克

工具

刮板
擀面杖
烤箱

做法

1.将全麦面粉、高筋面粉倒在案台上，开窝，倒入酵母，刮在粉窝边。

2.倒入细砂糖、水、鸡蛋，用刮板搅散，混匀。

3.加入黄油和盐，揉搓成光滑的面团，再切成均匀的小剂子，搓圆。

4.取4个面团，压扁，放入适量莲蓉馅，收口捏紧，搓成球状，用擀面杖擀成厚薄均匀的薄片，卷成橄榄状。

5.把橄榄状生坯放入烤盘，在常温下发酵约90分钟至两倍大。

6.将烤盘放入预热好的烤箱中，以上下火190℃烤约15分钟至熟，取出即可。

烘焙课堂

如果面包还没有烤好，但是面包的边缘已经烤焦了，这时可以把烤箱的温度调低 25℃，顺便翻转一下面包。面包受热不均匀，会导致部分区域熟得比较快。

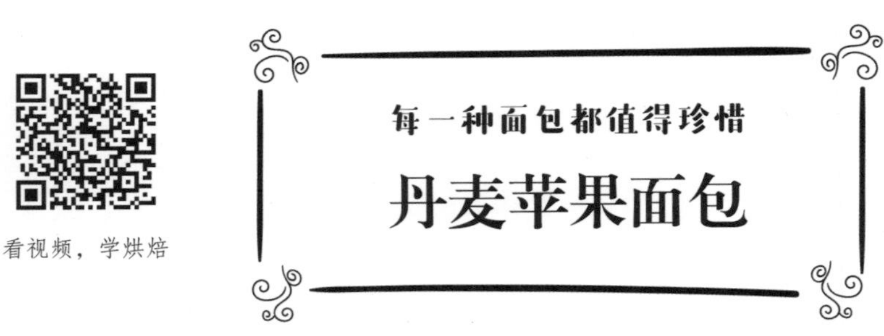

看视频，学烘焙

每一种面包都值得珍惜

丹麦苹果面包

在烘焙界，丹麦面包被称为“面包中的贵族”。它外表华丽，制作繁复，如公主一般，需要百般呵护才能出炉。

丹麦面包又叫丹麦酥，据说最初是一位糕点师尝试在发酵面团里融入了奶油，反复折叠、压片，奶油的滑润让面团发生隔离，层次分明，然后，再把面包制成各种形状，醒发、烘焙，使成品层次分明，入口即化、口感酥软。

每一位公主都不易养成，每一种面包都值得珍惜。因为她和它的成长都有人倾注了无数心血。

高筋面粉170克，低筋面粉30克，细砂糖50克，黄油20克，奶粉12克，盐3克，酵母5克，水88毫升，鸡蛋40克，片状酥油70克，奶油杏仁馅30克，苹果肉40克，巧克力果胶适量，花生碎适量

刮板，玻璃碗，擀面杖，刀，刷子，烤箱，冰箱

做法

1.将低筋面粉、高筋面粉倒入玻璃碗中，拌匀。

2.倒入奶粉、酵母、盐，拌匀，倒在案台上，开窝。

3.倒入水、细砂糖搅拌均匀，放入鸡蛋，拌匀并揉搓成湿面团。

4.加入黄油，揉搓成光滑的面团，用擀面杖擀成厚薄均匀的薄片，放上片状酥油，折叠后擀平，制成面皮。

5.将三分之一的面皮折叠，再折叠剩下的部分，放入冰箱冷藏10分钟，取出，继续擀平，将上述动作重复操作两次，制成酥皮。

6.取适量酥皮，用擀面杖擀薄，用刀将边缘切平整，用刷子刷上一层奶油杏仁馅，放上苹果肉。

7.对折酥皮，刷上巧克力果胶，撒上花生碎，常温发酵1.5小时，然后放入预热好的烤箱，关上烤箱门。

8.以上下火为190℃烤15分钟至熟，取出即可。

1

2

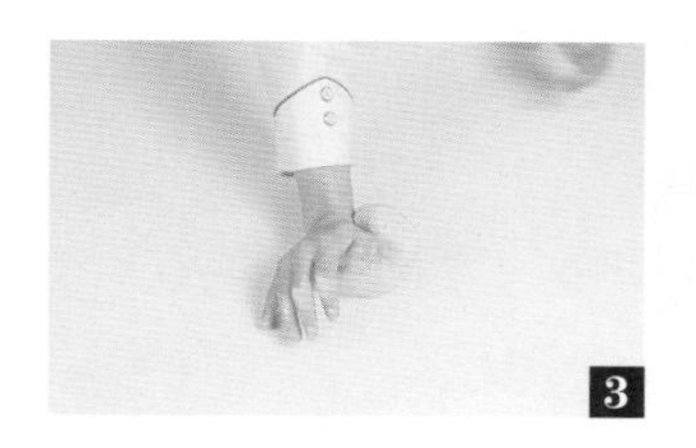
3

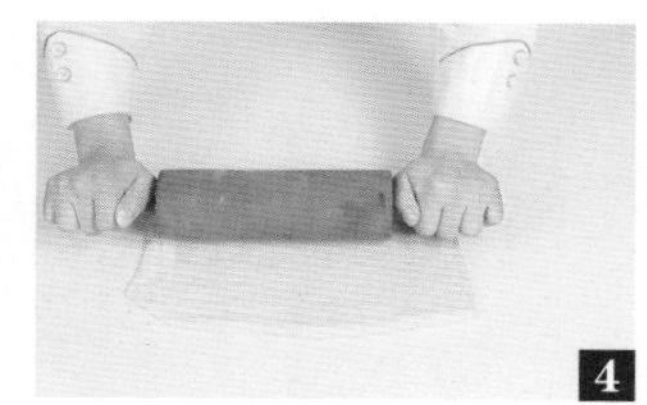
4

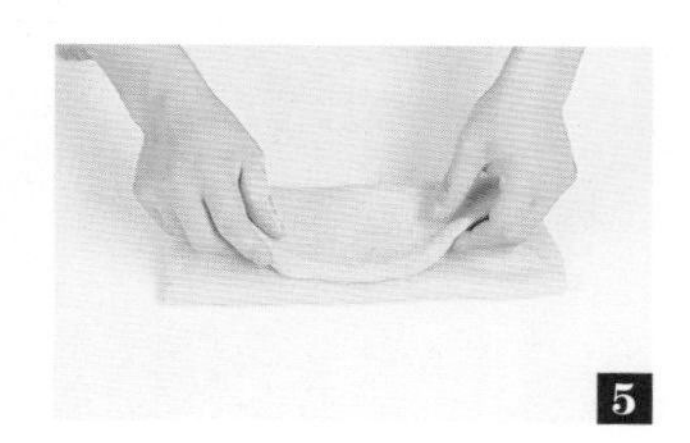
5

6

7

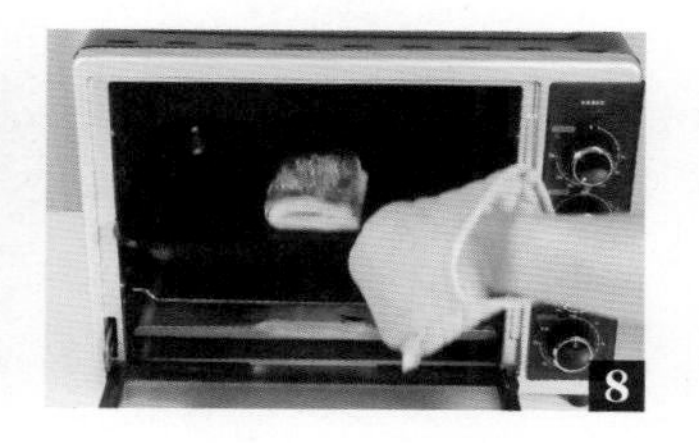
8

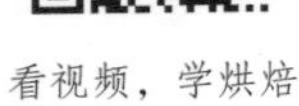

长条形的宝石

法棍面包

法棍是最传统的法式面包了，法文叫“baguette”，原意是长条形的宝石。

法棍在法国人民心中，是当之无愧的“面包之王”，每年消耗的面包中，有65%都是法棍。据说政府甚至对法棍有多项立法，规定了法棍的原材料、最小直径、最低售价等。

在法国，烘焙师以做得一手好法棍为傲，对它充满了敬意。漂亮的法棍弧线流畅，质地均匀，听，每一个气孔都好像在唱歌。法棍是一个不会消失的传奇。

材料

高筋面粉 250 克

酵母 5 克

全蛋液 50 毫升

细砂糖 25 克

水 75 毫升

黄油 20 克

糖粉适量

工具

刮板

擀面杖

小刀

烤箱

筛网

做法

1.将高筋面粉、酵母倒在案台上，拌匀，开窝。

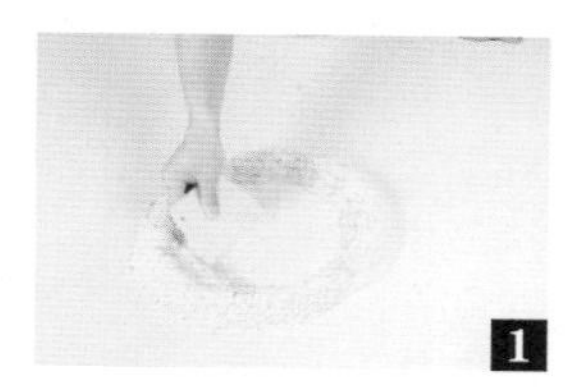

2.倒入细砂糖、全蛋液，用刮板拌匀，加入水，继续搅拌匀。

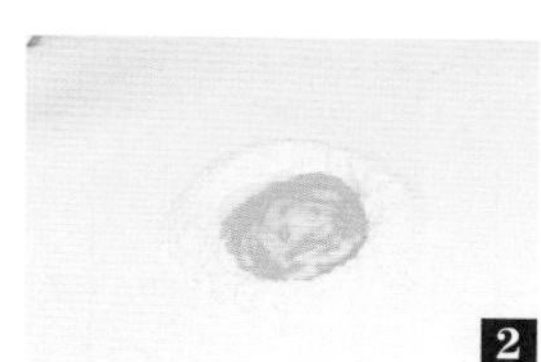

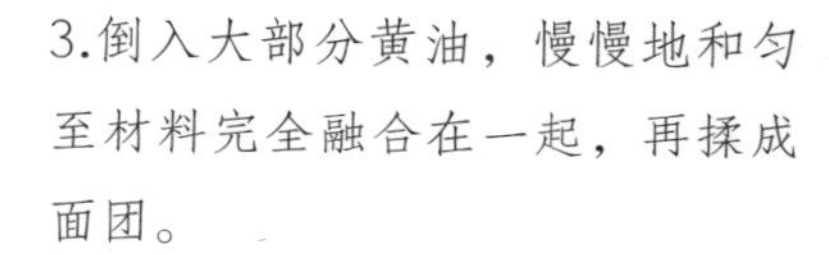

3.倒入大部分黄油，慢慢地和匀至材料完全融合在一起，再揉成面团。

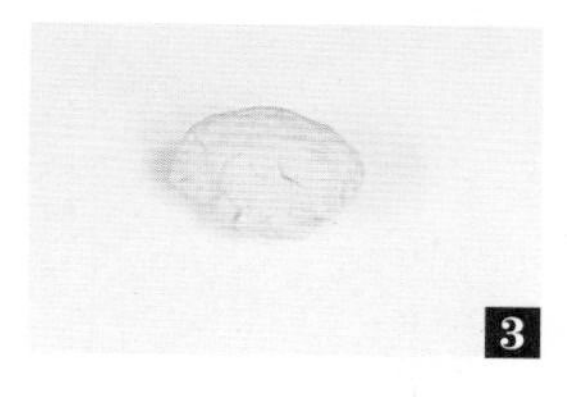

4.用刮刀将面团分成四个大小均匀的小面团，压扁擀薄，卷起来，把边缘搓紧，放在烤盘中，常温下发酵40分钟。

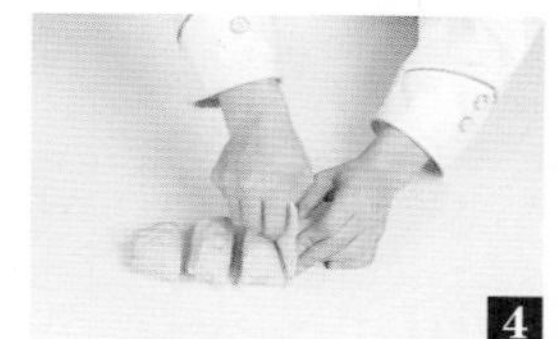

5.用小刀在发酵好的面包生坯上快速划几刀，筛上少许糖粉，在划痕处放上少许黄油。

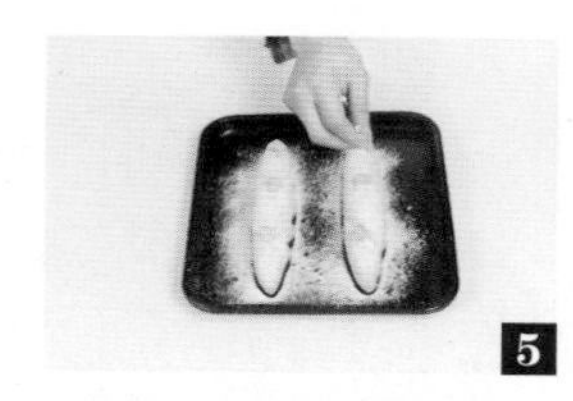

6.将烤盘放入预热好的烤箱中，以上、下火均为200℃的温度烤约15分钟，至食材熟透。取出，装盘，撒上适量糖粉装饰即可。

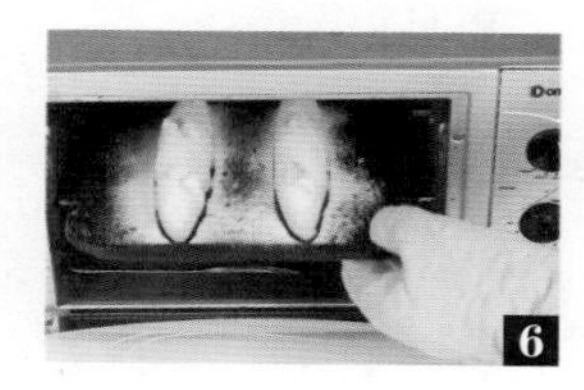

烘焙课堂

当面包已经达到食谱上的烘烤时间，若颜色不是很深，也不要继续烘烤，因为继续烤，面包会变得很干。如果你的烤箱温度是正确的，也达到食谱中所需的烘烤时间了，就可以把面包取出来了。

PART 4

相逢甜点，柔情蜜意的幸福

可能只是一次的相逢，便再也不能忘记。甜点就是一种如此有魔力的食物，吃过一次就能爱上，一旦爱上便再也不能忘记，因为和甜点有关的记忆，总是带着微笑的。

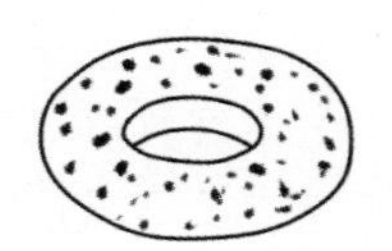

办公室零食女王

椰子球

如果要排一个办公室最受欢迎零食榜，椰子球肯定名列前茅。

椰丝、椰蓉算是烘焙界的著名食材了，那股独到的椰香是无法找到替代品的，所以它们的地位无法撼动。

推及生活，在职场也好，朋友圈也好，如果你有别人无法掌握的一技之长，或者特别之处，就处于无可替代的位置。如果你泯然众人，那可能就容易被忽略，甚至被取代。

可爱的椰子球自然不知这样残忍的道理，继续当着它的办公室零食女王。

材料

椰丝 250 克
全蛋液 100 毫升
细砂糖 100 克
黄油 116 克
白油 50 克
奶粉 1.6 克

工具

刮刀
刮板
玻璃碗
电子秤
高温布
冰箱
烤箱

做法

1.将黄油、白油倒入玻璃碗中，搅拌均匀，倒入细砂糖继续搅拌均匀。

2.倒入奶粉，搅拌均匀后再分次倒入椰丝，继续拌匀。

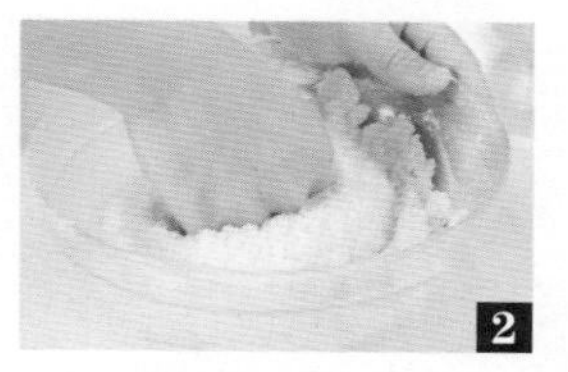

3.分次倒入全蛋液，搅拌均匀。

4.将材料倒在案台上，搅拌均匀，放入玻璃碗中，放进冰箱冷冻至硬，取出。

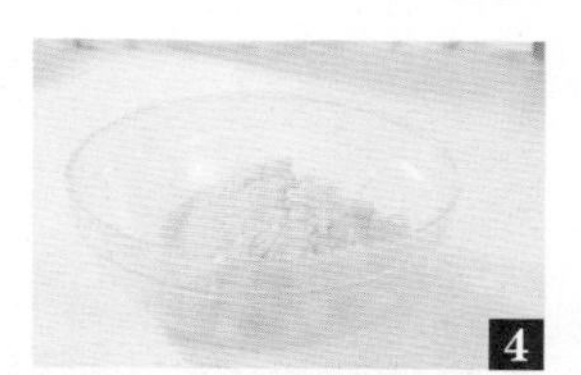

5.将生胚分成10克/个的小剂子，搓圆，均匀地放入垫有高温布的烤盘上，放入烤箱，以上火145℃（不要下）火烤13分钟之后，再以下火135℃（不要上火）继续烤10分钟。

烘焙课堂

1.最好不要用糖粉代替细砂糖，否则会使椰子球不易保持球形。

2.将搅拌均匀的面团放入冰箱中冷冻至硬，可以避免面团过湿而不好操作。

初遇时的一刹那

德国布丁

美食和美人一样，会让人惊艳，念念不忘。哪怕后来遇见很多次，也始终记得初遇时的一刹那心悸的感觉。

第一次吃到德国布丁，还以为是个花式蛋挞，品尝下去才知道绝非蛋挞。这是一道口味比较浓重的欧式甜点，处处藏着意外，表层类似奶油酥饼，又脆又香，内馅是滑嫩柔软的布丁，奶香浓郁，布丁和酥皮的完美融合，尝不到一点点的腻。

它最适合与咖啡或者茶同食，再配上一点水果，便是久久不能忘怀的惬意。

酥皮： 无盐黄油 100 克，低筋面粉 133 克，糖粉 25 克

布丁水： 蛋黄100克，白砂糖55克，牛奶175毫升，淡奶油110毫升

玻璃碗，刮刀，刮板，擀面杖，刻模，模具，电磁炉，奶锅，打蛋器，温度计，保鲜膜，火枪，转盘，冰箱，烤箱，勺子，筛网

做法

酥皮：

1.无盐黄油倒入玻璃碗中按压，倒入糖粉按压匀。

2.倒入低筋面粉搅拌匀，刮在保鲜膜上，包起来，放入冰箱中冷藏至硬，取出。

3.在案台上撒上一层低筋面粉，将酥皮生坯擀至厚薄均匀，再用刻模刻出均等的圆片。

4.放入模具中，震几下，削去周边，放入冰箱冷冻至硬。

馅：

5.蛋黄、白砂糖倒入玻璃碗中打散。牛奶倒入奶锅中搅拌加热至40℃，再倒入蛋黄糊中搅拌均匀。

6.倒入淡奶油搅拌均匀，过筛制成布丁水。

7.盖上一层保鲜膜，掀开一半，隔泡，用勺子将布丁水舀进酥皮里。

8.将生坯放入预热好的烤箱，以上火210℃、下火200℃烤20分钟，然后取出冻硬，再放在转盘上用火枪脱模即可。

1

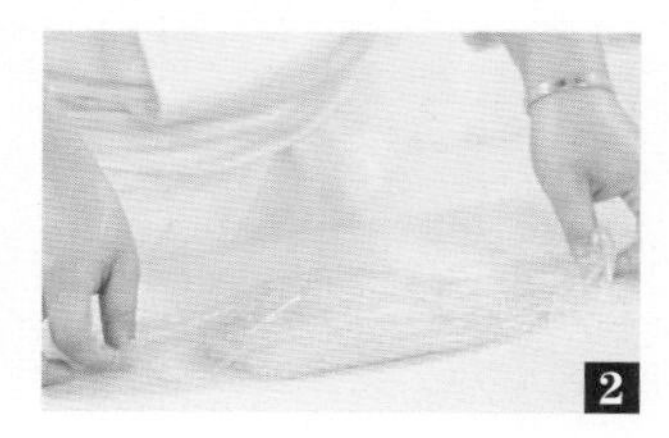
2

3

4

5

6

7

8

熟悉的地方没有风景

椰蓉挞

椰蓉来自海南。小时候，北方的孩子见不到椰子树，很多窗帘喜欢用这种高大又线条流畅的树木作为素材。摇曳的窗帘布上，就藏着北方孩子对海南的第一印象和向往。

人们总想着到远方去，熟悉的地方没有风景，偶尔疲累的时候也想，也许还是应该选择归故里。可是，我们在去远方的时候总能一横心攒够勇气，在归故乡的时候，却屡屡迟疑放弃。也许，我们天生对未知充满神往吧，吃惯了椰蓉挞，也期待着蓝莓挞、苹果派——世界这么大，我想去尝尝。

我不知将向何处，但我已在路上。

材料

挞皮：

黄油 100 克

糖粉 25 克

低筋面粉 133 克

馅：

椰蓉 250 克

水 400 毫升

白砂糖 350 克

麦芽糖 75 毫升

全蛋液 70 毫升

泡打粉 5 克

低筋面粉 75 克

调和油 160 毫升

吉士粉少许

工具

挞模

刻模

裱花袋

擀面杖

玻璃碗

冰箱

刮刀

奶锅

电磁炉

打蛋器

做法

1.黄油、糖粉、133克低筋面粉倒在案台上切拌匀，放入玻璃碗中，放进冰箱中冷藏半小时至硬，取出，用刮刀切碎，按扁，制成面团生坯。

2.在案台上撒一层低筋面粉，将面团生坯擀至厚薄均匀，用刻模在生坯上刻出三个大小均匀的薄片。

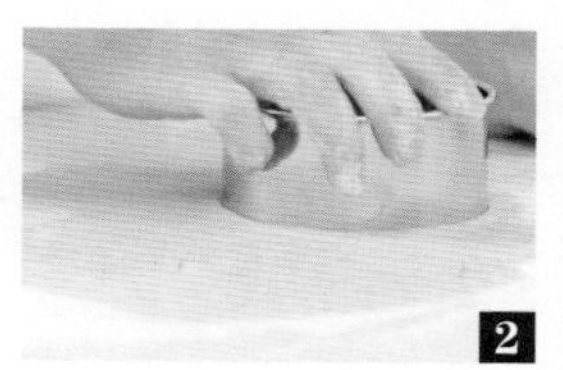

3.将面片放入挞模中，按压整形使其贴紧模具壁，震几下，削去周边多余的挞皮，放在烤盘上，放入冰箱中冷冻至硬。

4.将水倒进奶锅中煮开，倒进白砂糖、麦芽糖搅拌至溶，停止加热，加入椰蓉，泡2小时。

5.全蛋液、调和油倒入玻璃碗中，搅拌均匀，倒入75克低筋面粉、泡打粉、吉士粉搅拌均匀制成蛋糊。

6.椰蓉糊倒入蛋糊中搅匀，装入裱花袋中，挤在挞皮上，放入预热好的烤箱中，以上火190℃、下火170℃烤28分钟。

烘焙课堂

椰蓉是椰丝和椰粉的混合物，用来做糕点馅和撒在外面，增加口味和装饰表面。

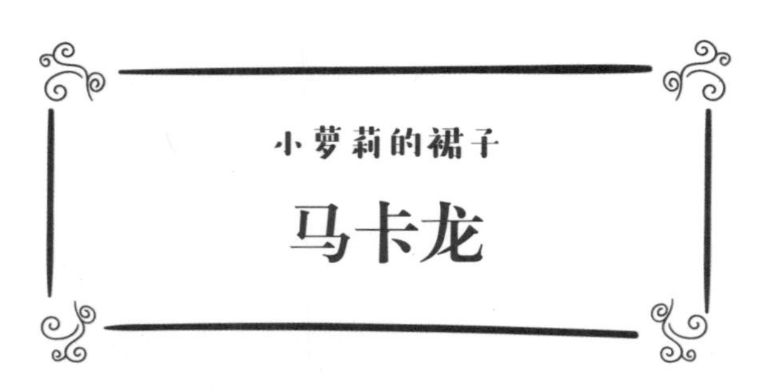

小萝莉的裙子

马卡龙

甜点的颜色是要任性一些，尤其是马卡龙。

任那些面包、饼干追求简约、低调、上档次，颜色上不是橙黄，就是棕红。马卡龙简直像得了“公主病”一样，色彩斑斓，越浮夸越好，跟日本动漫里小萝莉的裙子一样。光是一道红色，又细细分了大红、玫红、橙红、粉红……跟女人的口红有的比了。

完美的马卡龙，表面光滑如公主娇嫩的皮肤，脆弱需要保护。漂亮的外观像层层繁复的公主裙，边缘就如同蕾丝。薄薄酥脆的外壳，绵密松软的内层，咀嚼起来还能感受到一股细微的韧劲儿，它就是甜点界的公主吧。

材料

细砂糖150克，水30毫升，蛋清95毫升，杏仁粉120克，糖粉120克，打发的鲜奶油适量

工具

锅，电动打蛋器，筛网，长柄刮板，刮板，裱花袋，玻璃碗，硅胶垫，剪刀，温度计，烤箱

做法

1.将锅置于火上，倒入水、细砂糖，拌匀，煮至细砂糖完全溶化，用温度计测糖浆温度为118℃时关火。

2.将50毫升蛋清倒入大玻璃碗中，用电动打蛋器打至起泡，边搅拌边倒入煮好的糖浆，制成蛋白部分，备用。

3.在另一个玻璃碗中倒入杏仁粉，将糖粉过筛至碗中，倒入剩下的45毫升蛋清，搅拌成糊状，倒入三分之一的蛋白部分，用刮板搅拌均匀。

4.再倒入剩余的蛋白部分中，拌匀，制成面糊，装入裱花袋中。

5.把硅胶垫放在烤盘上，用剪刀在裱花袋尖端剪一个小口。

6.在硅胶垫上挤上大小均等的圆饼状面糊，待其凝固成形，放入烤箱，以上下火150℃烤15分钟至熟。

7.用长柄刮板将打发好的鲜奶油装入裱花袋，在尖端部位剪开一个小口。

8.取一块烤好的面饼，挤上适量打发的鲜奶油，再取一块面饼，盖在鲜奶油上方，制成马卡龙。

1

2

3

4

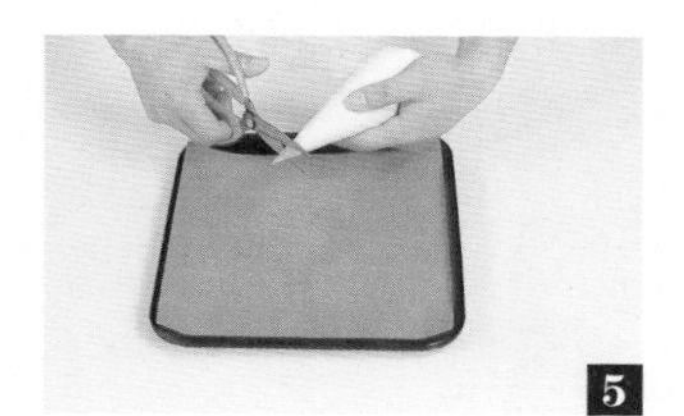
5

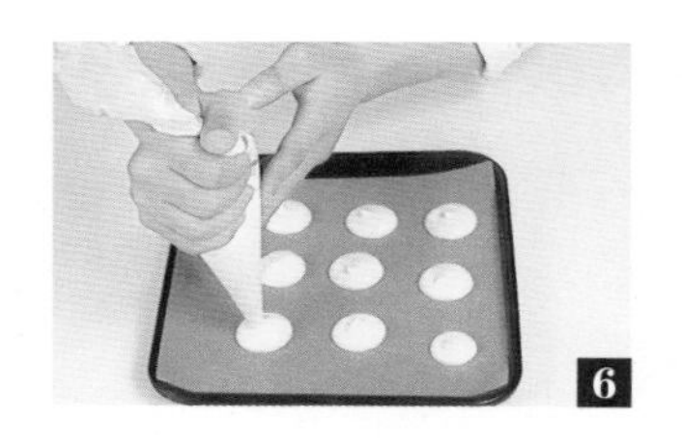
6

7

8

传奇色彩

英式红茶奶酪

看视频，学烘焙

英国并不是奶酪的故乡，却是世界首屈一指的奶酪生产和消费大国。据统计，英国产出了700多种被认可命名的奶酪，简直不可思议，由此可见英国人对奶酪的热爱。

红茶的鼻祖是在中国，据说明朝时期，武夷山出现了世界上最早的红茶。17世纪初，红茶流入了欧洲。传说，一位葡萄牙公主嫁入英国王室时，嫁妆里就含有中国红茶，从此红茶风靡英国宫廷。

这些跨越国家的传闻，让英式红茶奶酪也有了一点传奇色彩。我愿意相信，每一道美食背后，都隐藏着这样一个美丽的故事。

鸡蛋5个，细砂糖75克，黄油75克，盐1克，蛋糕油9克，低筋面粉265克，牛奶60毫升，水75毫升，泡打粉8克，红茶末12克，提子干少许，鲜奶油适量

电动打蛋器，长柄刮板，玻璃碗，剪刀，蛋糕刀，抹刀，烤箱，烘焙纸，白纸

做法

1.将鸡蛋、细砂糖倒入玻璃碗中，用电动打蛋器搅匀。

2.加入黄油，搅拌均匀。

3.倒入115克低筋面粉，放入蛋糕油、盐、泡打粉，用电动打蛋器搅拌匀。

4.一边加入牛奶，一边搅拌，然后倒入150克低筋面粉，加入红茶末，搅拌成糊状。

5.加入少许提子干，搅匀，倒入水，用电动打蛋器快速拌匀，搅拌成纯滑的面浆。

6.用剪刀剪开烘焙纸四个角，把烘焙纸铺在烤盘里，倒入面浆，用长柄刮板抹平整。

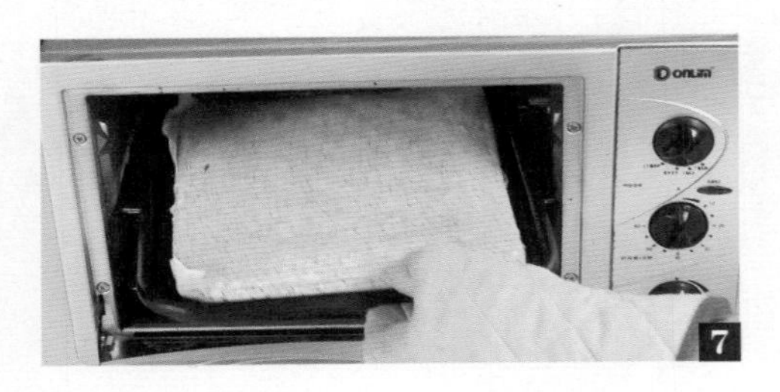

7.把烤盘放入烤箱中，关上箱门，以上下火170℃烤约18分钟至熟，取出。

8.在案台上铺一张白纸，把烤好的奶酪倒扣在白纸上，撕掉粘在奶酪上的烘焙纸。

9.用蛋糕刀将奶酪边缘切齐整，再切成均等的长条块。

10.在3块奶酪上用抹刀均匀地抹上一层鲜奶油。

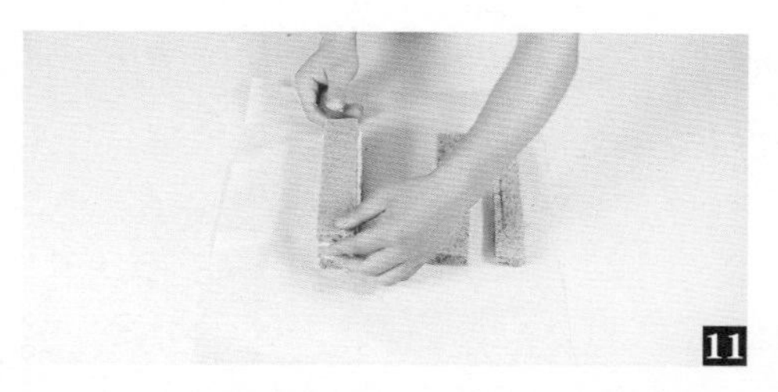

11.将一块奶酪叠在另一块奶酪上，把剩下的一块奶酪翻面，放在叠好的奶酪上。

12.将叠好的奶酪用刀对半切开，装入盘中即可。

烘焙课堂

这款奶酪比较适合喜欢乳酪味道的朋友，而且加入红茶的奶酪不会太腻，很适合做下午茶。

如同一个老朋友

奶油芝士球

奶油芝士球于我，就如同一个老朋友，它是我最经常烘焙的糕点之一。工序已经烂熟于心，味道也熟透了，可还是喜欢一道一道地做，一遍一遍地吃。

我们会尝试很多的烘焙新品，但日常里最喜欢的往往还是那几个。我们会遇见很多新朋友，但想倾诉的时候，拨通的还是最熟悉的那几个电话，人不如故嘛。

遗憾的是，有些人还是在时间长河里走散了，没什么特别的原因，有些老朋友慢慢就淡了，疏远了，陌生得像那些年都不曾存在。很想再推心置腹，秉烛夜谈，可几句下来只是寒暄，才发现熟悉的人早已远去。还好，无论如何，奶油芝士球还在。

材料

奶油芝士 360 克
糖粉 90 克
黄油 45 克
淡奶油 18 毫升
柠檬汁 1 毫升
蛋黄 90 克

工具

长柄刮板
电动打蛋器
裱花袋
玻璃碗
烤箱
模具

做法

1.烤箱通电，以上火180℃、下火110℃进行预热。

2.用长柄刮板把奶油芝士和黄油刮入玻璃碗中搅拌均匀。

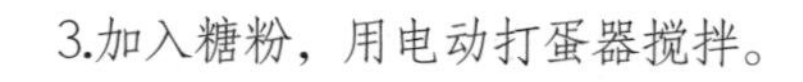

3.加入糖粉，用电动打蛋器搅拌。

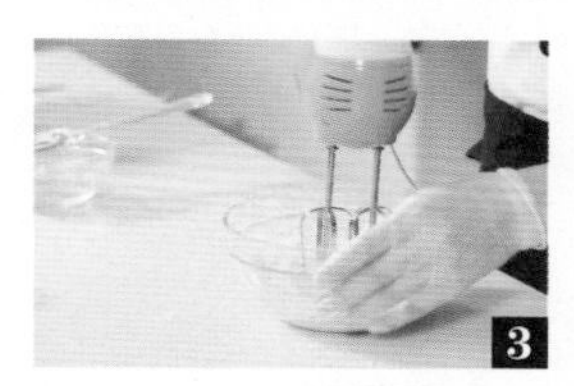

4.分多次加入蛋黄，每加一次都要搅拌均匀，然后加入淡奶油、柠檬汁，继续搅拌均匀。

5.将搅拌好的材料装入裱花袋，挤入模具中。

6.将模具放入预热好的烤箱中，烤制25分钟至熟，取出，摆放在盘中即可。

烘焙课堂

加入柠檬汁，既不会影响成品的颜色及口味，又可以中和过重的鸡蛋味，同时还可以起到帮助打发的作用。家中如果没有柠檬汁，可以用醋代替。

小朋友的最爱

巧克力甜甜圈

看视频，学烘焙

一提到甜甜圈，就会想到动画片，它在动画片里出镜率还是蛮高的，比如“辛普森的一家”，还有“巧虎”。没办法，甜甜圈永远是小朋友的最爱。

据说，它的来历也跟小朋友有关。一位母亲在为孩子炸面包时，发现炸的时间太短中间容易不熟，炸的时间太长边缘又容易焦糊，于是干脆把中间部分挖掉，甜甜圈就由此诞生了。

甜甜圈的花样极多，有不同颜色、不同配料、不同的口感和外观。糕点师们为了迎合小朋友的喜好，也发挥着无限的想象力，给了甜甜圈极大的发挥空间。

蛋黄 3 个，色拉油 30 毫升，泡打粉 2 克，细砂糖 125 克，低筋面粉 60 克，玉米淀粉 50 克，清水 30 毫升，蛋清 80 克，塔塔粉 2 克，黑巧克力液适量，白巧克力液适量

手动打蛋器，电动打蛋器，模具，玻璃碗，刀，长柄刮板，烤箱，烘焙纸

做法

1.将色拉油、30克细砂糖、清水倒入玻璃碗中，搅拌均匀。

2.加入玉米淀粉搅匀，倒入低筋面粉，搅拌至糊状。

3.将蛋黄倒入玻璃碗中，打散，加入泡打粉，拌匀备用。

4.另取出玻璃碗，将蛋清倒入玻璃碗中，用电动打蛋器打发，倒入95克细砂糖，快速搅打匀。

5.加入塔塔粉，搅拌均匀，打发至鸡尾状。

6.将一半打发好的蛋白部分倒入蛋黄中，用长柄刮板搅拌均匀面糊。

7.将拌匀的面糊倒入剩余的蛋白部分中，搅拌均匀，倒入模具中。

8.将模具放入烤箱，以上火180℃、下火160℃烤20分钟。取出，轻轻按压，使蛋糕脱模。

9.依次将蛋糕底部切去，在其中一块蛋糕上均匀地涂上黑巧克力液。

10.将另外一块蛋糕放入白巧克力液中，然后倒在烘焙纸上，均匀地涂上白巧克力液。

11.将涂有黑巧克力液的蛋糕装入盘中，并淋入少许白巧克力液。

12.在涂有白巧克力液的蛋糕上淋入少许黑巧克力液，装入盘中即可。

烘焙课堂

巧克力液一般是把巧克力用微波炉加热与隔水加热两种方式获得。用微波炉加热巧克力，时间与火力不易控制；隔水加热巧克力相对来说较好控制，但水的温度不能太热，一般控制在50℃以下，否则得到的巧克力液就没有那么丝滑有光泽了。

为美食带来生机

咖啡乳酪泡芙

传说，法国一位农场主为了刁难他的准女婿，要求小伙子“把牛奶装到鸡蛋里”，否则就不能娶他的女儿。聪明的准女婿灵机一动，发明了泡芙这道美食。如鸡蛋壳一般酥脆的外皮，包裹着香醇的乳酪，轻咬一口，乳酪溢出来。农场主一尝，立即决定将女儿嫁给他。

故事也许是后人杜撰的，但世人确实对泡芙有偏爱，爱它的细腻口感和独特形式，也热衷于不断为其进行新的尝试。把咖啡和乳酪一起装进泡芙里，这样一个简单的创意就能够为美食带来新的生机。这些小创新，我们开动脑筋，自己也可以搞定。

材料

泡芙面团

低筋面粉 100 克

水 160 毫升

黄油 80 克

细砂糖 10 克

盐 1 克

全蛋液 170 毫升

咖啡乳酪馅

奶油奶酪 180 克

淡奶油 135 毫升

糖粉 45 克

咖啡粉 10 克

电动打蛋器

刮刀

钢盆

电磁炉

烤盘

冰箱

刀

裱花袋

烤箱

高温布

玻璃碗

做法

1.水、盐、细砂糖、黄油一起放入钢盆里，用中火加热并稍稍搅拌。

2.煮至沸腾，停止加热，倒入低筋面粉，用刮刀快速搅拌至匀。

3.分次倒入全蛋液，每次搅拌至面糊完全把蛋液吸收以后，再加下一次，搅拌成面糊。

4.将面糊装入裱花袋中，挤在垫有高温布的烤盘上，每个面团之间保持距离，以免面团膨胀后碰到一起。

5.把烤盘放入预热好的烤箱，以上火180℃、下火180℃烤27分钟，直到表面呈黄褐色。

6.将奶油奶酪用电动打蛋器搅碎，加入糖粉，搅打至细滑状。

7.加入淡奶油和咖啡粉，搅拌均匀，制成乳酪馅，放入冰箱冷藏30分钟。

8.取出烤好的泡芙，用刀在底部扎一个洞。

9.将乳酪馅装入裱花袋中，从底部小洞挤入泡芙即可。

烘焙课堂

烤泡芙的时候一定要烤到位，否则泡芙出炉后会塌陷。烤的途中不要打开烤箱门。烤好后，不要马上吃，也不要急着填馅料，否则泡芙吸收了馅料的水分后，就不脆了，可以在吃之前加入馅料。

看视频，学烘焙

少女情怀

草莓牛奶布丁

高中、大学的时候，是女生心思最复杂的时候了。她们好像总是不肯把话明明白白地说出来，非得让你猜，有时候还会口是心非，让那时候的男孩子们伤透了脑筋。后来才明白，那叫少女情怀。

校园里盛开的樱花，草地上的石板路，青涩的微妙感情，还有校门口甜品店里酸甜可口的草莓牛奶布丁，都是记忆里最特别的画面，一旦逝去，就只能缅怀。我还记得，那些因为“第二杯半价”而陪着女生吃草莓布丁的男孩子们，一脸羞涩，觉得吃这样粉红色小女生的甜品一点都不阳刚，趁人不注意偷偷尝一口，心里更加尴尬。怎么样，味道还不错吧。

牛奶500毫升，细砂糖40克，香草粉10克，蛋黄2个，鸡蛋3个，草莓粒20克

量杯，打蛋器，筛网，牛奶杯，烤箱，玻璃碗，锅

做法

1.将锅置于火上，倒入牛奶，小火煮热。
2.加入细砂糖、香草粉，改大火，拌匀，关火后放凉。
3.依次将鸡蛋、蛋黄倒入玻璃碗中，用打蛋器拌匀。
4.把放凉的牛奶慢慢地倒入蛋液中，边倒边搅拌。
5.将拌好的材料用筛网过筛两次。
6.先倒入量杯中，再倒入牛奶杯，至八分满即可。
7.将牛奶杯放入烤盘中，烤盘中加水。
8.将烤盘放入预热好的烤箱中，以上下火160℃烤15分钟。晾凉后，放入草莓粒装饰。

烘焙课堂

烤的时候要在烤盘中倒入水，用水浴法烤制，这样可以避免布丁烤得太老。烤的过程中要注意火候，如果烤得太过头，布丁内会出现蜂窝状结构，从而失去嫩滑的口感。

“外宾”的待遇不同凡响

可丽饼

看视频，学烘焙

可丽饼是法国的传统美食，却经常被国内吃货们拿来跟煎饼比较，一洋一土，其实在制作方法上还真类似。只不过，可丽饼的原材料除了面粉、鸡蛋外，还有奶油、黄油等，是一种西方式的薄饼。

法国随处可见的薄饼，到中国来仿佛被镀了一层金，成了高档美食，在西餐厅里被精致地摆盘，配上香浓的巧克力酱、红艳艳的草莓，“外宾”的待遇就是不同凡响。

这其实也不新鲜，我们的煎饼果子，在国外也是大受追捧，我们的老干妈辣酱不也成了外国人的奢侈美食吗？都说旅行是从自己厌倦了的城市，到别人厌倦了的城市，美食又何尝不是如此呢？吃烦了煎饼果子，就给肠胃放个假，尝尝可丽饼吧。

黄奶油 15 克，白砂糖 8 克，盐 1 克，低筋面粉 100 克，鲜奶 250 毫升，鸡蛋 3 个，鲜奶油适量，草莓适量，蓝莓适量，黑巧克力液适量

打蛋器，裱花袋，玻璃碗，冰箱，煎锅，筛网，裱花嘴模具

做法

1.将鸡蛋、白砂糖倒入碗中，快速拌匀。

2.倒入鲜奶、盐、黄奶油，搅拌均匀。

3.将低筋面粉过筛至碗中，搅拌均匀呈糊状，放入冰箱，冷藏30分钟。

4.煎锅置于火炉上，倒入适量的面糊，煎约30秒至其呈金黄色，做成饼状。

5.将煎好的饼折两折，取出，装入盘中。

6.依次将剩余的面糊倒入煎锅中，煎成面饼，以层叠的方式装入盘中。

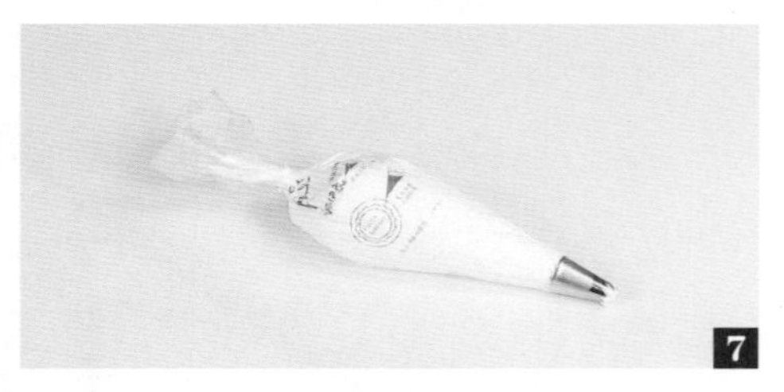

7.将裱花嘴模具装在裱花袋上，将已打发的鲜奶油倒入裱花袋中，把裱花袋尖端部位剪开。

8.在每一层面饼上挤入鲜奶油。

9.往盘子两边挤上适量的鲜奶油，将草莓摆放在盘子两边的鲜奶油上。

10.在面饼上撒上适量蓝莓。

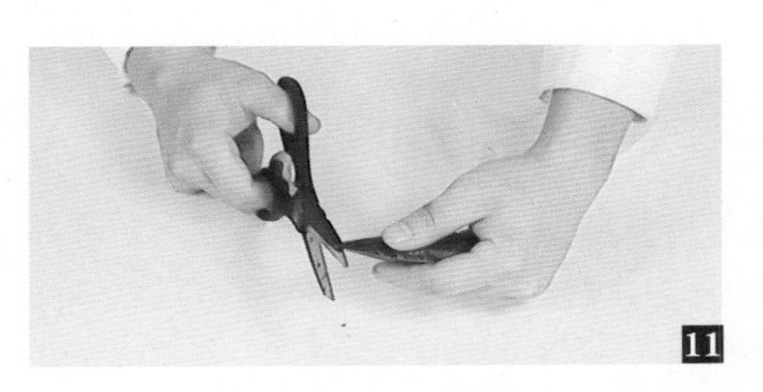

11.将黑巧克力液倒入裱花袋中，并在裱花袋尖端部位剪一个小口。

12.在面饼上快速来回划几下，淋上黑巧克力液来装饰。

烘焙课堂

在煎可丽饼之前，要将面糊拌一下，以防下层面糊比较稠。在煎可丽饼的时候，当饼的边缘呈现金黄色，而还没煎的一面的表面也凝固后，就可以翻面，然后煎至两面金黄即可。

顺其自然的安静淡然

忌廉泡芙

在生活中，人们总是各有各的烦恼。比如虽然同样苦于体重，有人为减肥愁，有人却为增重忧。

我的一个朋友是那种光吃不胖的体质，瘦削的脸庞和身材，看着像营养不良。为了增重，他在入睡之前给自己加了一道餐——6～8个忌廉泡芙——据说是绝对会长胖的点心。再好的东西，吃多了也是一个字——腻。朋友咬牙切齿地坚持着，泡芙加可乐，坚持了一个月，也只重了1公斤。

只能说，“有人辞官归故里，有人漏夜赶科举”，人与人的体质各不相同，更何况际遇。努力之外，还真需要一些顺其自然的安静淡然。

材料

牛奶 110 毫升

水 35 毫升

黄油 35 克

低筋面粉 75 克

盐 3 克

鸡蛋 2 个

忌廉馅料 100 克

工具

锅

玻璃碗

裱花嘴

电动打蛋器

裱花袋

高温布

烘焙纸

剪刀

蛋糕刀

烤箱

长柄刮板

电磁炉

做法

1.将牛奶倒入锅中，加入水、黄油、盐，搅拌，煮至黄油溶化，停止加热，加入低筋面粉，搅成糊状，倒入玻璃碗中，快速搅拌。

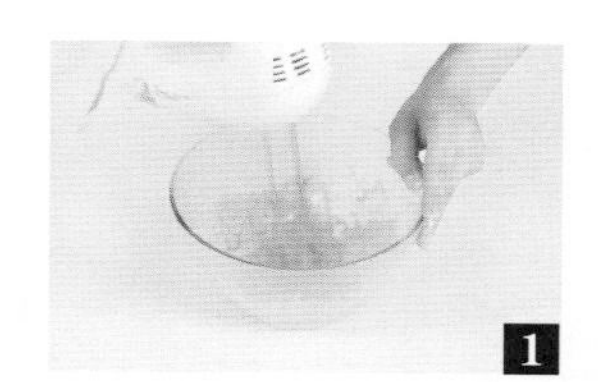

2.分两次加入鸡蛋，打发，搅成纯滑面浆，装入套有裱花嘴的裱花袋中，均匀地挤在垫有高温布的烤盘上。

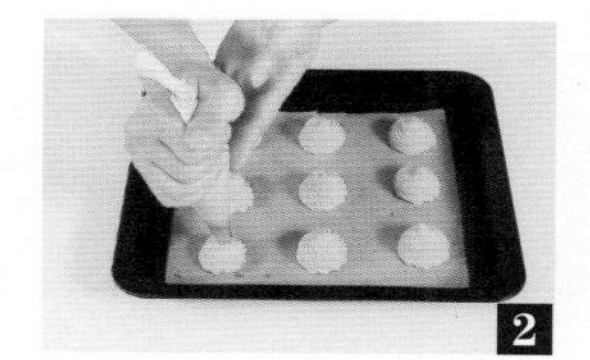

3.将烤盘放入预热好的烤箱，以上下火均为200℃烤15分钟至熟，取出，制成泡芙体。

4.将忌廉馅料装入裱花袋中，尖角处剪开一个小口。

5.把泡芙体放在案台烘焙纸上，用蛋糕刀将泡芙体横向切开，挤入适量忌廉馅料，制成忌廉泡芙。

烘焙课堂

忌廉是新鲜白色的牛奶制成的一种液体，乳脂含量较牛奶高。另外忌廉中含有反式脂肪，而且人造奶油、酥烤油的含量最多。中文里奶油和忌廉是稍有不同的，奶油是指传统的普通奶油，比较油腻；而忌廉相对清淡爽口一些。实际上在英文里，奶油和忌廉就是同一种东西的不同类型而已。

每个人的心里都有一座岛屿

水果半岛

看视频，学烘焙

我喜欢大海，喜欢海风与海岸线，更喜欢岛屿。岛屿是天生神秘的领地，需要借助一定的外力才能通往它，它与外界始终隔着那么一层，有一种神秘的美丽。

我相信在每个人的心里，都有一座岛屿吧，有限的沟通，有限的保留。

我喜欢水果半岛，它的名字优雅别致，口味清香，比很多甜点多了一股特别的气质。网上总嘲笑男人夸女人的方式：如果不美丽，就夸她可爱；如果不可爱，就夸她有气质；如果没气质，就夸她善良……

可是，有气质又何尝不是一种美丽、一种可爱呢？

高筋面粉 500 克，黄油 95 克，奶粉 20 克，细砂糖 100 克，鸡蛋 2 个，清水 200 毫升，酵母 8 克，白奶油 25 克，糖粉 50 克，低筋面粉 50 克，盐适量，芒果果肉馅适量

打蛋器，刮板，保鲜膜，模具，电子秤，玻璃碗，裱花袋，烤箱

做法

1.将细砂糖倒入玻璃碗中，加入清水，用打蛋器搅匀，待用。

2.将高筋面粉倒在案台上，加入酵母、奶粉、盐，用刮板搅匀，开窝。

3.倒入糖水、1个鸡蛋，刮入混合好的高筋面粉，混合成湿面团。

4.加入70克黄油，继续揉搓制成光滑的面团，用保鲜膜包起来，静置10分钟。

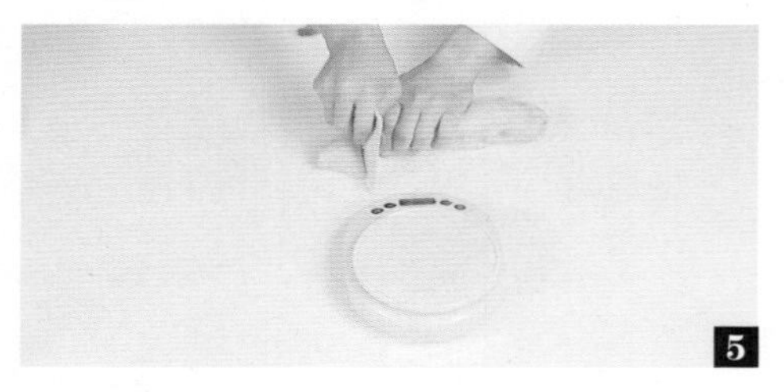

5.撕掉保鲜膜，把面团揉搓成长条状，切分成重约30克的剂子。

6.把小剂子搓圆。

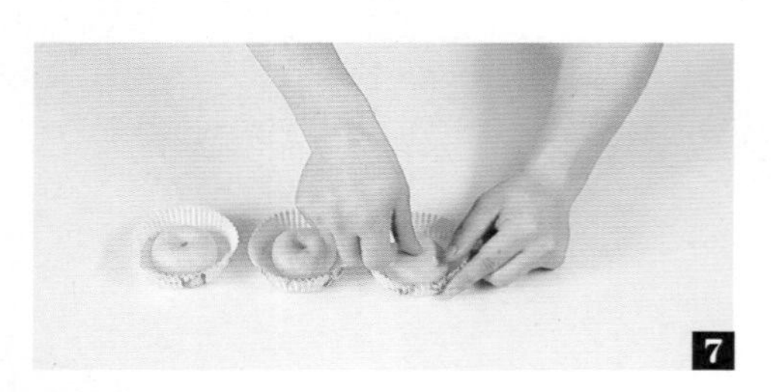

7.取3个圆面团，用手指在面团顶部逐个压出一个圆形小孔，制成生坯。

8.把生坯放入模具中，再放入烤盘，常温发酵1.5小时。

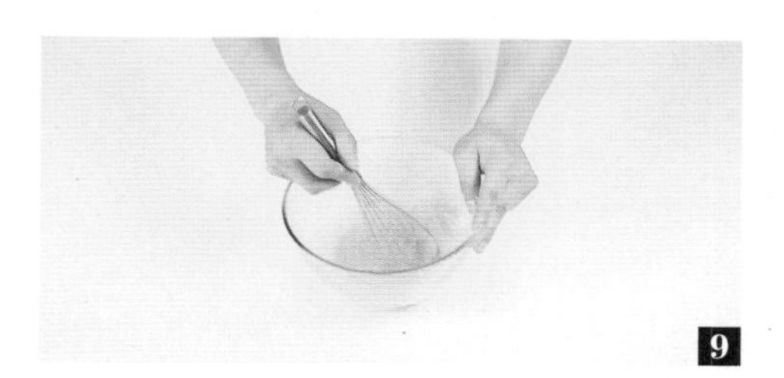

9.将1个鸡蛋打入玻璃碗中，加入糖粉，用打蛋器搅匀。

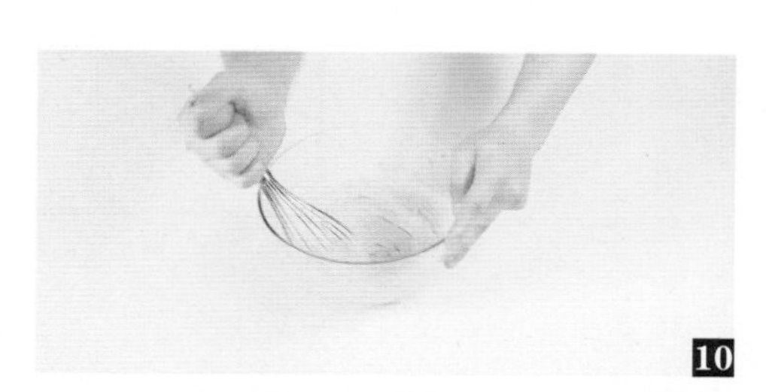

10.倒入白奶油、25克黄油搅匀，倒入低筋面粉搅成糊状，制成馅料，装入裱花袋中。

11.以画圈的形式把馅料挤在生坯上，在小孔中加入适量芒果果肉馅，放入烤盘中。

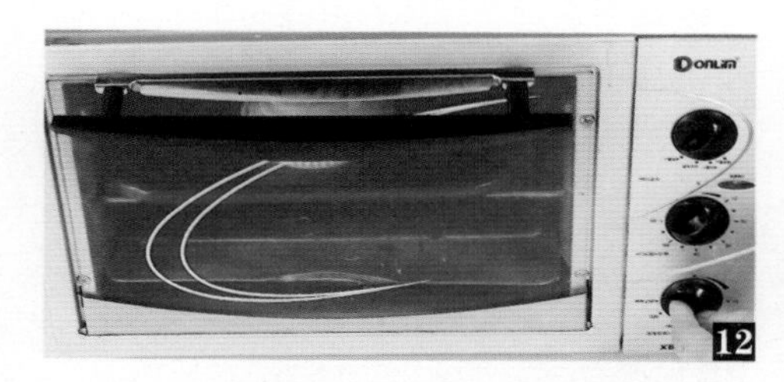

12.将烤盘放入预热好的烤箱中，以上下火190℃烤10分钟，至熟取出即可。

烘焙课堂

白奶油分为含水和不含水两种，是与白油一样的产品，但该油脂精练过程较白油更佳，油质白洁细腻。含水的白奶油多用于制作裱花蛋糕，而不含水的则多用于奶油蛋糕、奶油装和其他高级西点。

像雪花一样美丽

雪花糕

成年人的世界总是互相攀比的，谁买了别墅，谁换了名车，谁又辞职创业走上人生巅峰……人们明里暗里互相比较，嫉妒或者自傲，总也不肯安生。

女性们的攀比更直接，你用的LAMER，而我只是兰蔻，输不得，得换成La Prairie才行。几十年前，这些大品牌还未出现，家里的女性长辈用的护肤品都叫作雪花膏，这么简单纯粹。

从雪花膏到雪花糕，是不是名字里有雪花二字的都是朴实却又实用的呢？雪花糕是江南地区本土的小吃，雪花其实是鲜奶和椰蓉的效果。雪花糕给人一种感觉，任你百花争艳，我就是不争不斗，安安分分，因为我有自己的特色，谁也比不了啊！

材料

牛奶 500 毫升

淡奶油 150 毫升

黄油 30 克

椰浆 110 毫升

水 50 毫升

玉米粉 50 克

糖 60 克

泡好的吉利丁 10 克

椰丝适量

工具

电磁炉

奶锅

玻璃碗

保鲜膜

方形模具

湿抹布

方形纸板

打蛋器

刮刀

刀

转盘

火枪

做法

1.将牛奶、淡奶油、椰浆、黄油倒入奶锅中搅拌，中火煮1分钟。

2.将水倒进玻璃碗中，倒入糖、玉米粉，搅拌均匀。

3.将煮好的奶液倒入步骤2中的玻璃碗中慢速搅拌，然后倒入泡好的吉利丁搅拌均匀。

4.在案台上铺一层保鲜膜，放上方形模具，用湿抹布擦拭模具外壁，然后包起保鲜膜，放在方形纸板上。

5.模具中倒入搅拌均匀的混合液，用手托起纸板将其放入冰箱中冷藏至硬，取出，撕下保鲜膜，用火枪烤模具周围，取出方形模具。

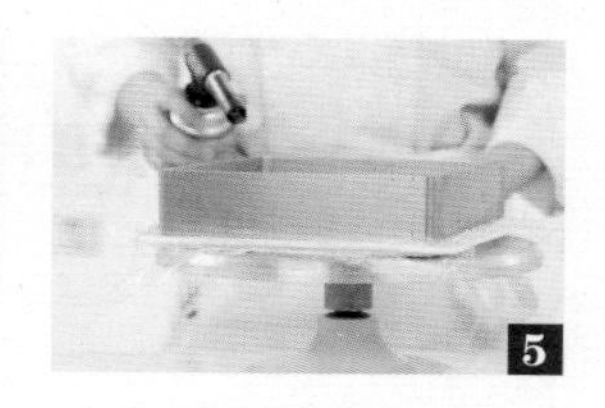

6.用火枪把刀烤热，并用热刀将雪花糕切成大小均匀的小方块；椰丝倒入玻璃碗中，放入小方块，使其裹上一层椰丝，最后将小方块均匀地摆在烤盘上即可。

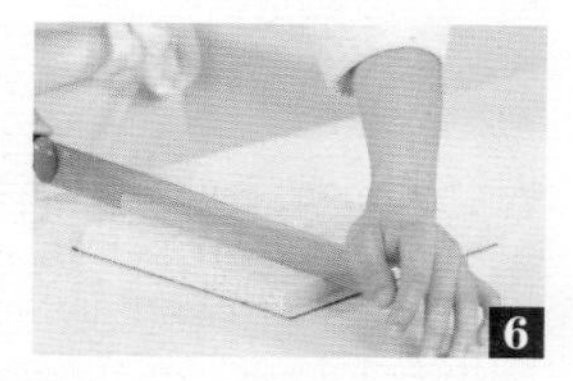

烘焙课堂

可以多加鱼胶粉或吉利丁的量，但最好不要超过20克，要不然吃起来就不是那个感觉了。

看视频，学烘焙

体验别样的异域风采

丹麦水果挞

在充满童话色彩的国度丹麦里，甜点也是一道美丽风景，不，美味的风景。

据说，满大街都是各式各样的甜点，著名的丹麦酥、丹麦曲奇……仿佛走进了童话中那个用巧克力和糖果制成的森林小屋。丹麦水果挞就是这个森林小屋里的一款小甜点，松脆酥软的丹麦酥与清香可口的水果酱的完美融合，体现出丹麦独有的风情。

时空所限，我们无法说走就走，去丹麦吃一顿美食，走一遍童话世界。但在偶尔的下午茶里，品尝一道来自丹麦的甜品，你会感受到别样的异域风采。

高筋面粉170克，低筋面粉30克，细砂糖50克，黄油20克，奶粉12克，盐3克，酵母5克，水88毫升，全蛋液40毫升，片状酥油70克，香焦肉30克，苹果肉30克，奶油杏仁馅30克，巧克力果胶适量

刮板，擀面杖，冰箱，圆形模具，刷子，烤箱，玻璃碗

做法

1.将低筋面粉倒入装有高筋面粉的玻璃碗中并混匀，倒入奶粉、酵母、盐，拌匀，倒在案台上，开窝。

2.倒入水、细砂糖，搅拌匀，倒入全蛋液，揉匀成面团。

3.将面团擀至厚薄均匀，放上片状酥油，折叠，擀平制成面皮。

4.先将三分之一的面皮折叠，再将剩下的折叠起来，放入冰箱冷藏10分钟。取出，继续擀平，重复上述操作两次，制成酥皮。

5.取适量酥皮，擀薄，用圆形模具压出4个圆形饼坯。

6.再用小一号圆形模具在其中2个饼坯上压出环形酥皮。

7.在圆形饼坯上刷上奶油杏仁馅，分别放上环状酥皮、苹果肉、香焦肉制成生坯，放入烤盘，常温发酵1.5小时，取出。

8.将生坯表面刷上一层巧克力果胶，放入预热好的烤箱，以上下火190℃烤约15分钟至熟。取出，表面刷上一层巧克力果胶即可。

1

2

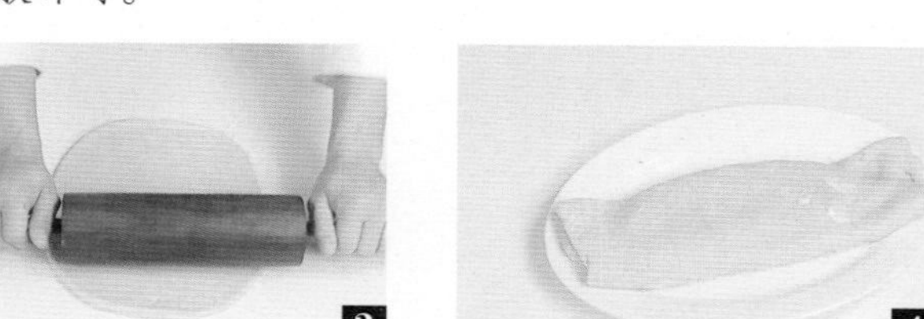

3

4

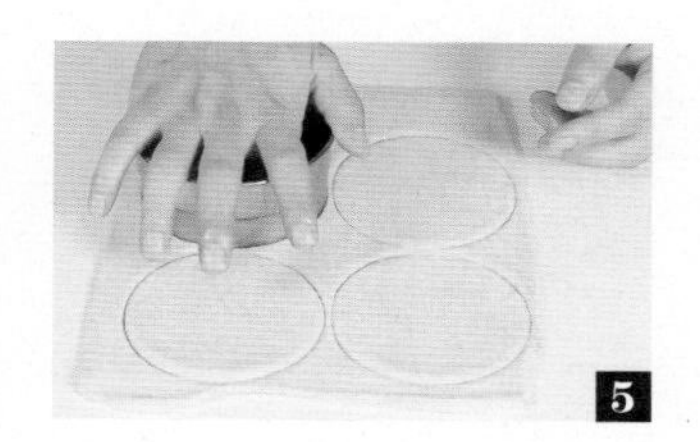

5

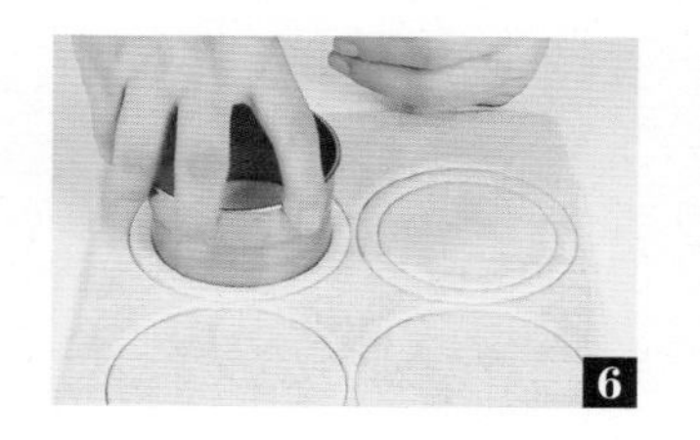

6

7

8

千层的爱

拿破仑千层酥

看视频，学烘焙

拿破仑千层酥，其实跟那位法兰西第一帝国皇帝没有什么关系，只是恰好音译名相近而已。或许是因为拿破仑这个名字能够蹭热度，迅速打响知名度吧。

拿破仑千层酥的法文名字叫Mille feuille，有一百万层酥皮的意思。它的特点就是酥脆，层层复复的，但因为太酥了，吃的时候掉渣，所以容易吃相不好，大家也对此无可奈何。在知乎，有个话题叫“如何优雅地吃拿破仑”，是专门讨论怎样在食用拿破仑的时候，不必手托下巴那么狼狈，也不会弄脏手弄脏衣服的。

横切，奶油会漏出来；一层一层地揭开来吃，又觉得品尝不到最佳口感。话题的最终，大家仍旧无可奈何。

低筋面粉 220 克，高筋面粉 30 克，黄奶油 40 克，细砂糖 5 克，盐 1.5 克，清水 125 毫升，片状酥油 180 克，蛋黄液适量，提子、草莓、蓝莓、糖粉、白芝麻各适量，打发的鲜奶油适量

裱花袋，裱花嘴，擀面杖，量尺，小刀，刷子，白纸，烤箱，冰箱，烤盘，筛网，剪刀

做法

1.将低筋面粉、高筋面粉混合，倒在案台上开窝，加入细砂糖、盐、清水，拌匀，揉成面团。

2.在面团上放上黄奶油，揉搓成光滑的面团，静置10分钟。

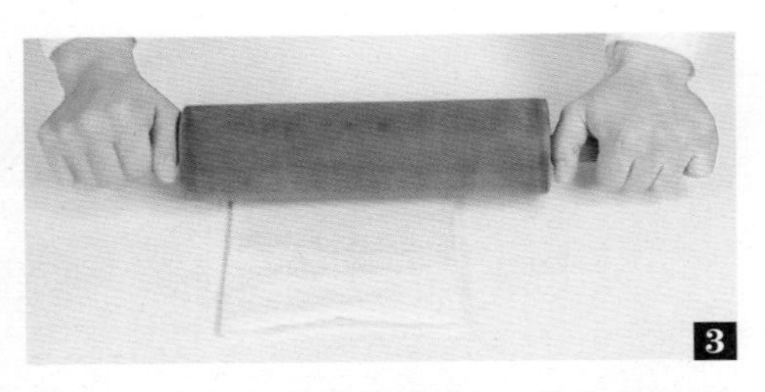

3.在操作台上铺一张白纸，放入片状酥油，包好，将片状酥油擀平，待用。

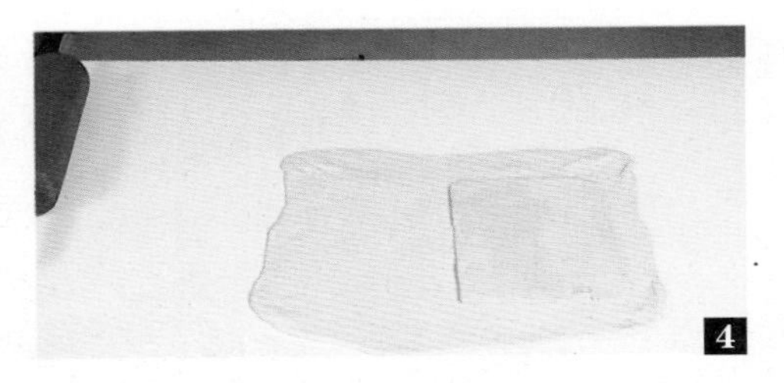

4.将面团擀成片状酥油两倍大，一边放上片状酥油，盖上另一边面皮。

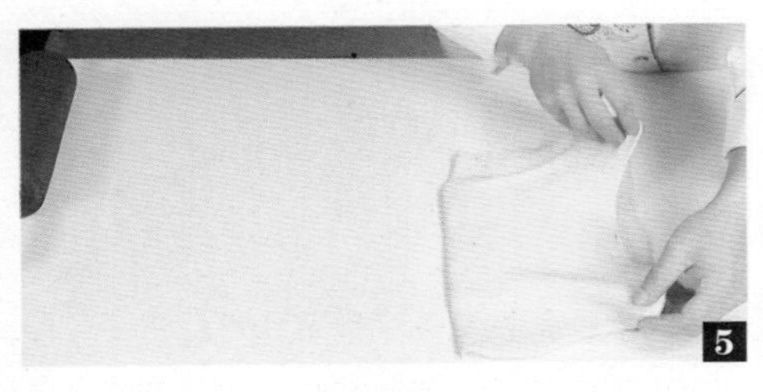

5.案台上撒少许低筋面粉，将包裹着片状酥油的面皮擀薄，对折四次。

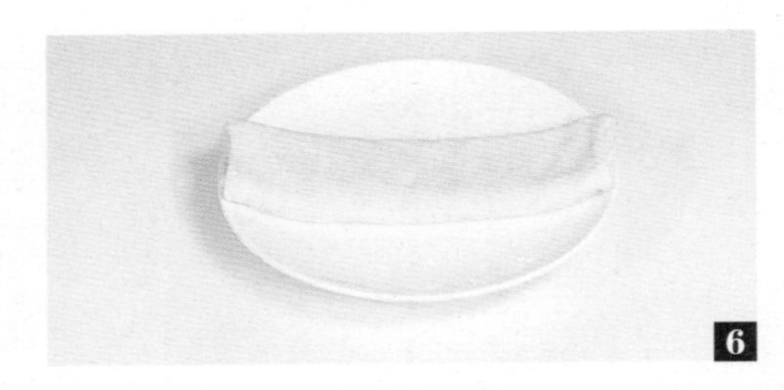

6.放入铺有少许低筋面粉的盘中，放入冰箱冷藏10分钟。

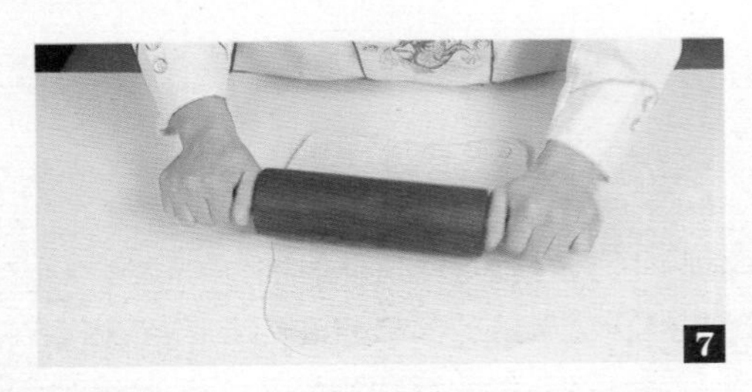

7.在操作台上撒少许低筋面粉，放上冷藏过的面皮，用擀面杖将面皮擀薄。

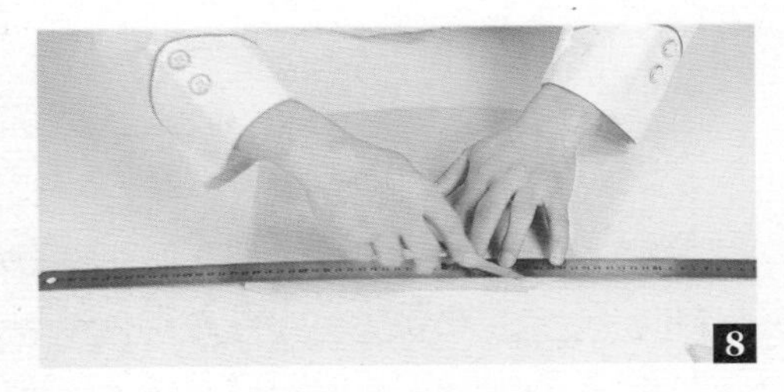

8.将量尺放在面皮边缘，用刀将面皮边缘切平整。

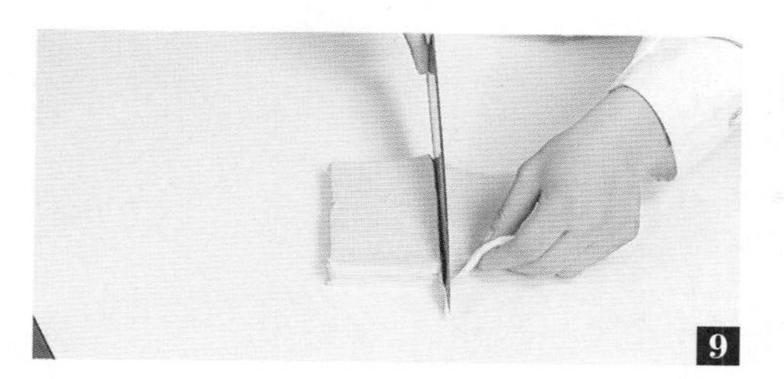

9.对半切面皮，在其中一块中切出一小块，以它为基准，再切两块相同的面皮。

10.将三块面皮放入烤盘，刷上适量蛋黄液，撒上适量白芝麻。

11.将烤盘放入烤箱中，以上下火200℃烤20分钟，取出。将裱花嘴套在裱花袋上，装入打发的鲜奶油，用剪刀剪开尖端。

12.在一块酥皮四周挤上鲜奶油，放上提子、草莓、蓝莓，放上一块酥皮，再挤上一层奶油，重复操作直到酥皮和水果放完，筛上糖粉即可。

烘焙课堂

拿破仑千层酥的制作并不复杂，它最大的特点在于“组合”。但它的制作也绝对不能说省事，只有把酥皮的大小、厚度掌握好，才能做出外形漂亮的拿破仑千层酥。

看视频，学烘焙

自律给我自由

风车酥

我喜欢一款运动APP的宣传口号：自律给我自由。

人生在世，是无法拥抱绝对的自由的，总会有牵绊——空间上、时间上、感情上、人际关系上。偶尔会觉得有些疲惫，尤其是在面对某种选择的时候，会因为这些牵绊而变得犹犹豫豫、不够洒脱。

但人也可以在一定的束缚下，追求我们想要的自由，这就是自律下的自由。坚持学习一项技能，坚持一种兴趣，坚持爱一个人，都能带给人舒适和幸福感。这种感觉，就好比风车随风轻轻转动的美好。

小时候的纸风车，成年后的风车酥，都让我有一股莫名的好感。

低筋面粉 220 克，高筋面粉 30 克，黄奶油 40 克，细砂糖 5 克，盐 1.5 克，清水 125 毫升，片状酥油 180 克，蛋黄液适量，草莓酱适量

擀面杖，刮板，量尺，小刀，刷子，小勺，烤箱，冰箱

做法

1.将低筋面粉、高筋面粉开窝，倒入细砂糖、盐、清水拌匀。
2.加黄奶油揉匀，揉成光滑的面团，静置10分钟。
3.将片状酥油擀平，面团擀平后一端放片状酥油。
4.盖上面皮，擀薄，对折4次，放入冰箱冷藏10分钟。
5.把面皮擀薄，切开，切成正方形。
6.四角各划一刀，取其中一边呈顺时针方向往中间按压，使其呈风车形状。
7.在面皮上刷上蛋黄液，在中间放上草莓酱。
8.放入烤箱，以上下火200℃烤20分钟，取出，装盘即可。

1

2

3

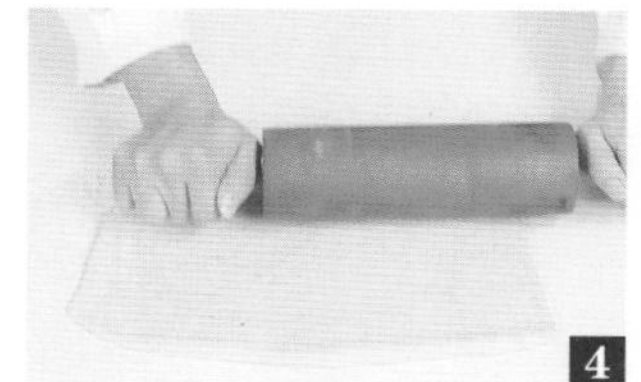
4

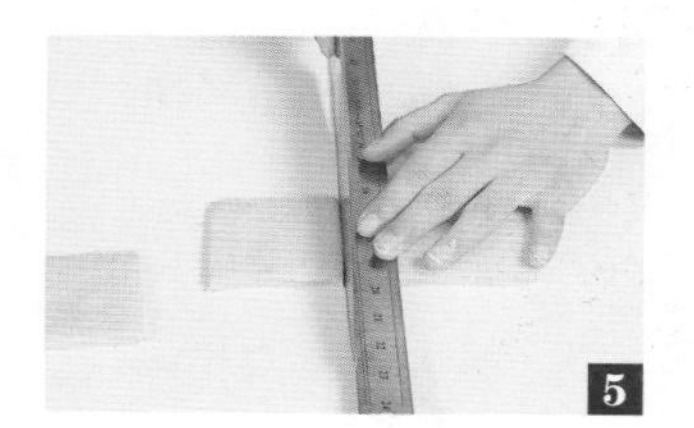
5

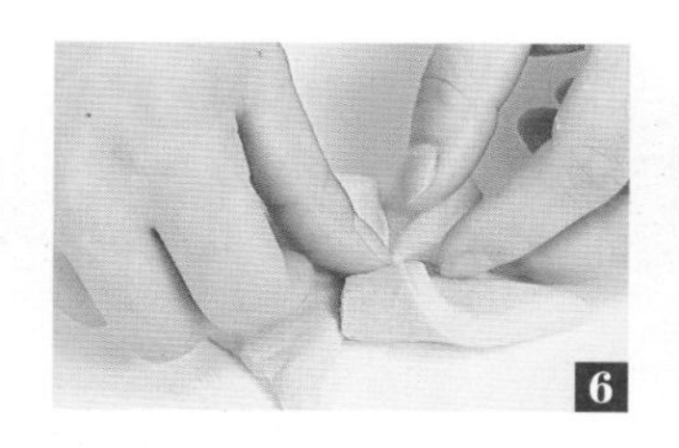
6

7

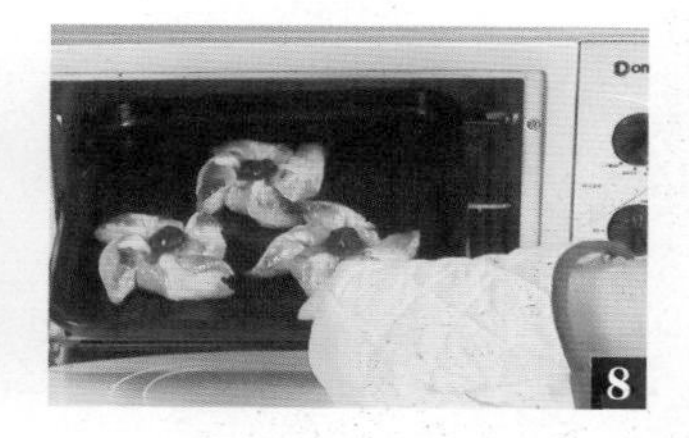
8

烘焙课堂

很多人在叠面皮的时候，总是容易漏出黄油，为防止这样情况发生，在操作时要用力得当，每次在擀面皮的时候可以撒上一层高筋面粉，尽量避免漏出黄油。

PART 5

偶遇蛋糕，忘不了的浪漫记忆

蛋糕作为一种古老的西点，在我们日常生活中发挥着不可替代的作用，它代表着美好的祝福、真诚的祝愿。在家里做上一款蛋糕，总是会让人莫名地感到幸福。

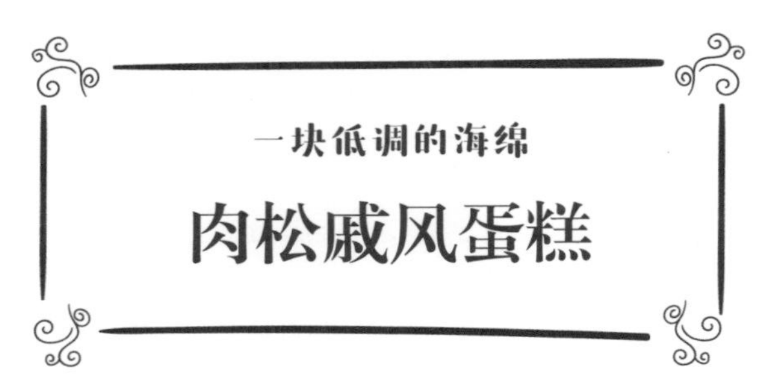

一块低调的海绵

肉松戚风蛋糕

Chiffon Cake，Chiffon是“乔其纱”的意思，一种类似丝绸却远不及丝绸娇气的料子。戚风蛋糕的气质确实跟乔其纱有点相似，口感柔软绵滑，蓬松湿润，有质感但不矫揉，简单朴实，就像一块低调的海绵。戚风蛋糕是最传统的蛋糕样式，小时候吃的生日蛋糕，奶油下面总是它，可怜的是它总被剩下——小孩子总是酷爱奶油的。

它会有一些简单的改变，比如食材中融合可可粉、抹茶粉，蛋糕的颜色也随之变成棕红或者浅绿。表面撒上一层肉松，又晋级成为肉松戚风蛋糕，可塑性很强，跟谁都很搭调。

蛋黄50克，细砂糖100克，色拉油45毫升，牛奶45毫升，低筋面粉70克，泡打粉1克，盐1克，蛋白100克，柠檬汁1毫升，肉松100克

烤箱，玻璃碗，打蛋器，电动打蛋器，长柄刮板，蛋糕模具

做法

1.将色拉油、牛奶和20克细砂糖倒入玻璃碗中，拌匀。
2.加入蛋黄搅拌均匀，加入盐拌匀，再加入泡打粉搅拌均匀。
3.加入低筋面粉，拌匀至无颗粒。
4.另取一个玻璃碗，倒入蛋白、80克细砂糖，用电动打蛋器打至硬性发泡。
5.加入柠檬汁继续搅拌。
6.将蛋黄糊和一半蛋白糊混匀，再倒入剩下的蛋白糊，拌匀。
7.面糊倒入蛋糕模具中，用长柄刮板刮平表面，撒上肉松。
8.将生坯放入预热好的烤箱中，以上火170℃、下火160℃烤20分钟，取出，立刻倒扣凉凉，彻底冷却后，脱模即可。

烘焙课堂

戚风烤的时候不能使用防粘的蛋糕模，也不能在模具周围涂油，因为戚风需要依靠模壁的附着力长高，否则戚风会长不高。

天作之合

巧克力芝士蛋糕

跟合适的人在一起是什么感觉?

不合适的感觉，是味道不相投，志趣不相搭，努力去迎合，却无法说服自己心甘情愿。取悦他人是一件很辛苦的事情，如果跟合适的人在一起，快乐就会变得很简单。不仅爱情，友情也是如此。志同道合，惺惺相惜，这是我能想到的最美好的形容友情的成语了。

巧克力和芝士，也是我能想到的合适的搭配。作为食材，它们可以说共同撑起了烘焙界的半壁江山，都很百搭，总是跟各种配料搭配。而当它们两个共同“组建”成一个蛋糕，竟也是“天作之合”。

可可海绵：全蛋液330毫升，白砂糖172克，低筋面粉55克，色拉油96毫升，可可粉45克，牛奶11毫升，巧克力（苦甜64%）55克

芝士酱：芝士200克，淡奶油50毫升，糖粉40克

咖啡水：白砂糖65克，水100毫升，咖啡粉3.5克，朗姆酒3.5毫升，咖啡酒8毫升

装饰：奥利奥碎适量

电磁炉，钢锅，钢盆，刮刀，打蛋器，蛋糕模具，纸板，刷子，抹刀，锯刀，冰箱，玻璃碗

做法

芝士酱： 1.将芝士倒入钢盆中隔水加热至手指能戳破一个洞时，停止加热，搅匀。

2.倒入糖粉，继续搅打均匀，倒入淡奶油搅拌均匀。

3.然后倒入钢盆中，包上保鲜膜，放在冰箱中冷藏制成芝士馅。

咖啡水： 4.水、白砂糖倒进钢锅中烧开，加入咖啡粉煮开，倒入盆中放凉至50℃。

5.倒进玻璃碗中，倒入咖啡酒、朗姆酒搅拌均匀，制成咖啡水。

可可海绵： 6.色拉油、牛奶倒入盆中，倒入可可粉搅匀，隔水加热至60℃，加入巧克力搅至融化。

7.全蛋液、白砂糖倒进盆中打散，隔水加热至40℃，停止加热并打发，倒入碗中。

8.倒入低筋面粉、巧克力糊，搅匀，倒入模具中，放入烤箱以上下火190℃烤40分钟。

9.取出烤好的巧克力芝士蛋糕体脱模，用锯刀将蛋糕切成三层，放在纸板上，用刷子刷一层咖啡水，放入冰箱冷冻至硬。

10.取出冷藏好的芝士酱，撕掉保鲜膜，搅拌至顺滑。

11.取出冷藏好的蛋糕片，用抹刀均匀地抹上一层芝士酱。

12.用抹刀将抹好芝士酱的蛋糕片叠起来，放上奥利奥碎装饰即可。

烘焙课堂

选用的巧克力品质越高，蛋糕的味道也越好，一般市售的高品质黑巧克力即可，选择半甜黑巧克力，可可脂含量在31%以上口感更佳。

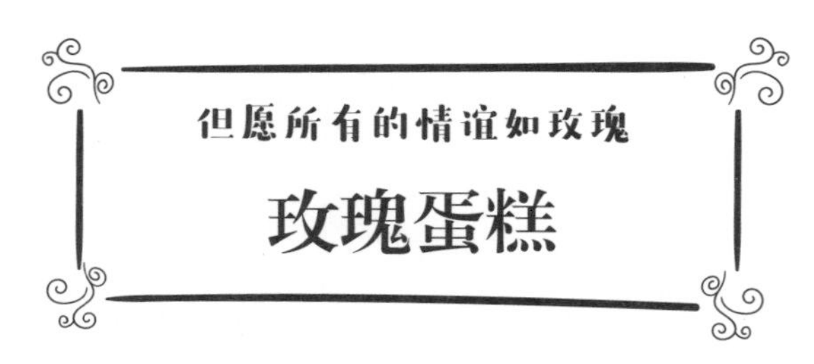

但愿所有的情谊如玫瑰

玫瑰蛋糕

“玫瑰玫瑰最娇美，玫瑰玫瑰最艳丽……”提起旧上海，很多人都会想起耳熟能详的《玫瑰玫瑰我爱你》。流行总是变化很快，好在经典又总是经得起时间的推敲，哪怕一段又一段的时光度过了，也还是留在历史的长河里熠熠生辉。

玫瑰代表着爱情，相连地，玫瑰蛋糕也带着一丝暧昧、甜蜜的气息。我见过很多种款式的玫瑰蛋糕，有的将干玫瑰花研磨成粉融入食材，也有的将新鲜的花瓣铺满奶油蛋糕的表层，人们借着玫瑰蛋糕，来表达自己对爱人的祝福和心意，甜在口头，甜在心间。

但愿所有情谊如玫瑰，花会衰败，意却永留，用携手终老的行动来表达，在我心里你最珍贵。

材料

黄油150克
盐1.5克
香草精少许
糖115克
全蛋液75毫升
蛋黄56克
柠檬汁5毫升
低筋面粉155克
泡打粉3克
冷冻玫瑰花5克

工具

硅胶模
打蛋器
电动打蛋器
裱花袋
玻璃碗
烤箱
长柄刮刀

做法

1.黄油、糖倒入玻璃碗中打至发白，倒入盐搅拌均匀后，再倒入香草精继续搅拌。

2.蛋黄倒入全蛋液中打散，再分次倒入黄油糊中搅打均匀。

3.分次加入低筋面粉搅拌均匀，再加入柠檬汁、泡打粉搅拌均匀，然后加入部分冷冻的玫瑰花继续搅匀。

4.将面糊装入裱花袋中，以画圈的形式挤进硅胶模内，撒上剩余的玫瑰花。

5.将生坯放进预热好的烤箱，以上火180℃、下火180℃烤35分钟，取出，脱模即可。

烘焙课堂

鲜玫瑰花漂亮吸睛，制作成干玫瑰花则营养丰富，经常食用干玫瑰花有助于女性健康。玫瑰花也可以换成其他口味的冷冻鲜花，可以根据自己的口味调整。

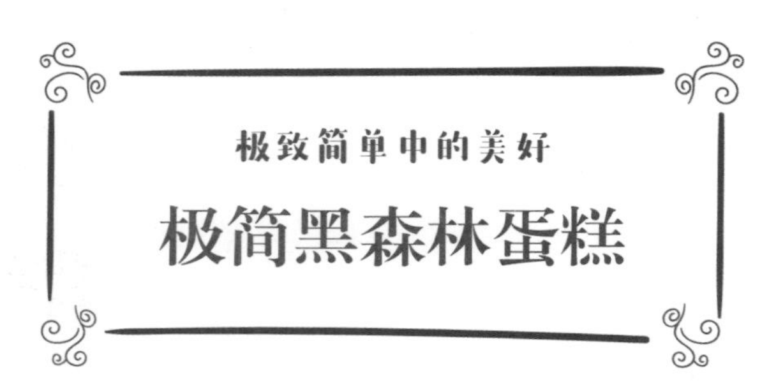

极致简单中的美好

极简黑森林蛋糕

黑森林是德国最大的森林山脉，西边和南边就是莱茵河谷，盛产樱桃，也是国宝级甜品黑森林蛋糕的产地。当地人在蛋糕中混入樱桃汁、樱桃酒或者樱桃果肉，这种蛋糕就融合了樱桃的酸、奶油的甜、巧克力的香，百般滋味。

刻板可爱的德国人，规定黑森林蛋糕的奶油部分至少要含80克以上的樱桃汁，才算过关。而这道甜品漂洋过海，在不同的国家有了不同的改良和变数。

现在极简风盛行了，什么都以便捷、快速为目的。有的人觉得，极简也是一种风格，也有人觉得是急功近利。这道将懒人精神发挥到极致的极简黑森林蛋糕，不知会不会逼死很多有强迫症的德国人。

材料 蛋黄75克，色拉油80毫升，低筋面粉50克，牛奶80毫升，可可粉15克，细砂糖60克，蛋白180克，塔塔粉3克，草莓适量

工具 烤箱，电动打蛋器，打蛋器，方形模具，玻璃碗

做法

1.将烤箱通电，上火调至180℃，下火调至160℃，进行预热。

2.准备好一个玻璃碗，在碗中倒入牛奶和色拉油并搅匀。

3.倒入低筋面粉和可可粉用打蛋器继续搅拌，再倒入蛋黄继续搅拌。

4.另置一个玻璃碗，倒入蛋白，用电动打蛋器稍微打发，倒入细砂糖、塔塔粉，继续打发至竖尖状态为佳。

5.将打好的蛋白倒入面糊中，充分翻拌均匀。

6.把搅拌好的混合面糊倒入方形模具中。

7.将模具轻轻震荡，排出里面的气泡。

8.打开烤箱门，将模具放入烤箱中层，保持预热时候的温度，烘烤约25分钟至熟，取出，摆放在盘中，用草莓装饰即可。

安静地做好自己

香醇巧克力蛋糕

据说，我们每个人都有三副面孔：真实的自我，别人眼里的我，还有我所以为的用来展示给别人的我。据说，这三副面孔总是有大大小小的偏差，你认为的别人眼里的你，和真实的别人眼里的你是不同的。

怎样在这三者之间找到一个平衡点是一个问题。我们不能太过关注别人的目光，但又做不到完全不在意别人的目光。锋芒太露，怕被嘲笑指责，默默无闻，又显得毫无特色。

巧克力蛋糕是太寻常的品类了，跟我们每个人一样，湮没在茫茫人海，与周围的人们似乎没有大的区别。也许，坚持安静地做好自己，总会有暗香，吸引到伯乐为你而来。

材料

低筋面粉85克
可可粉20克
黄油90克
细砂糖70克
鸡蛋80克
泡打粉2.5克
巧克力豆50克
牛奶80毫升
糖粉少许

工具

烤箱
电动打蛋器
玻璃碗
长柄刮板
蛋糕模具

做法

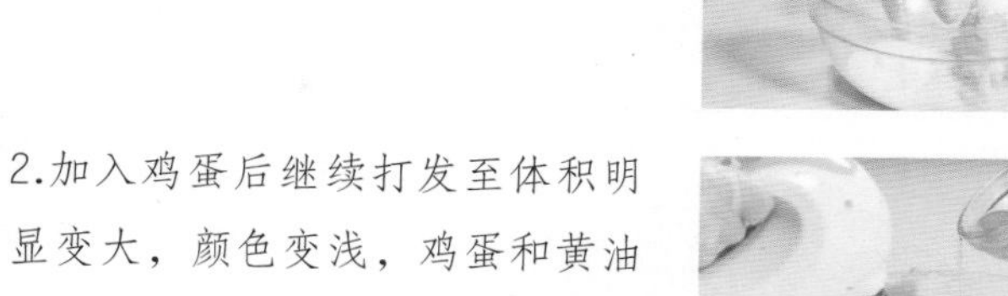

1.将黄油放入玻璃碗，加入细砂糖，用电动打蛋器打发至质地蓬松。

2.加入鸡蛋后继续打发至体积明显变大，颜色变浅，鸡蛋和黄油完全融合，呈现蓬松细滑的状态为止。

3.加入牛奶，无需搅拌，然后依次加入低筋面粉、可可粉、泡打粉，用电动打蛋器搅拌均匀。

4.将拌匀后的材料倒入蛋糕模具内，用长柄刮板搅匀使粉类、牛奶和黄油完全混合均匀，成为湿润的面糊。

5.将巧克力豆倒入面糊中，放在烤盘上。

6.将生坯放入预热好的烤箱，以上、下火175℃烤25分钟烘烤，取出烤好的蛋糕，在其表面撒上糖粉即可。

烘焙课堂

如果不用模具，使用独立纸杯烘烤，由于纸杯边缘没有模具的支撑作用，面糊挤得太满，未成形的蛋糕面糊会顺着纸杯边缘流下来，所以建议挤七成满。

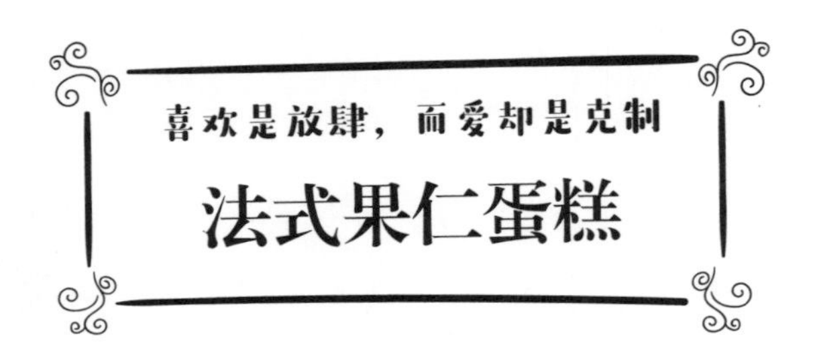

喜欢是放肆，而爱却是克制

法式果仁蛋糕

看视频，学烘焙

全麦果仁甜点，是法国人的传统早餐，搭配上牛奶，相当于我们的豆浆油条。

小时候总喜欢甜甜蜜蜜的点心，被家人操心会长一口虫牙。成年后爱上了辛辣，肠胃渐渐有点不堪重负。很神奇，人在不同的成长阶段，连口味都在慢慢变化。现在的我，又成了亲友眼中的养生达人，常常来咨询，哪一种早餐最健康。

电影里说，喜欢是放肆，而爱却是克制。我却觉得，少年时容易放肆，成年了便会克制吧。知道了一种健康的生活方式，便会在下意识的情况下坚持着，慢慢地，身体和口味便会有所改变。

材料

高筋面粉500克
黄油70克
奶粉20克
细砂糖310克
盐5克
鸡蛋7个
水200毫升
酵母8克
低筋面粉275克
吉士粉20克
食用油175毫升
瓜子仁适量
蛋黄3个
牛奶250毫升

玻璃碗
锅
打蛋器
刮板
电动打蛋器
刮刀
裱花袋
方形模具
剪刀
烤箱
烘焙纸
电磁炉

做法

1.将100克细砂糖倒入玻璃碗，加入水，用打蛋器搅至细砂糖溶化。

2.将高筋面粉、酵母、奶粉、盐倒在案台上，混匀，开窝，倒入备好的糖水，揉搓成面团。

3.加入1个鸡蛋，揉匀，放入黄油，揉搓成光滑的面团。

4.牛奶倒入锅中，小火煮开，倒入60克细砂糖、3个蛋黄、25克低筋面粉，快速搅拌均匀，煮至面糊状制成卡仕达酱。

5.将面团均匀地揪成小剂子装入干净的玻璃碗中，待用。

6.把6个鸡蛋、150克细砂糖倒入另一个玻璃碗中，用电动打蛋器搅拌匀。

7.加入20克吉士粉、250克低筋面粉，搅成面糊，倒入小剂子，用电动打蛋器搅拌均匀。

8.倒入175毫升食用油，用刮刀搅拌均匀，加入适量瓜子仁，拌匀，制成蛋糕浆，待用。

9.将蛋糕浆倒入垫有烘焙纸的方形模具中，装约六分满。

10.将卡仕达酱装入裱花袋中，剪开小口，均匀地挤在蛋糕浆上，放入预热好的烤箱，以上火190℃、下火200℃烤45分钟至熟即可。

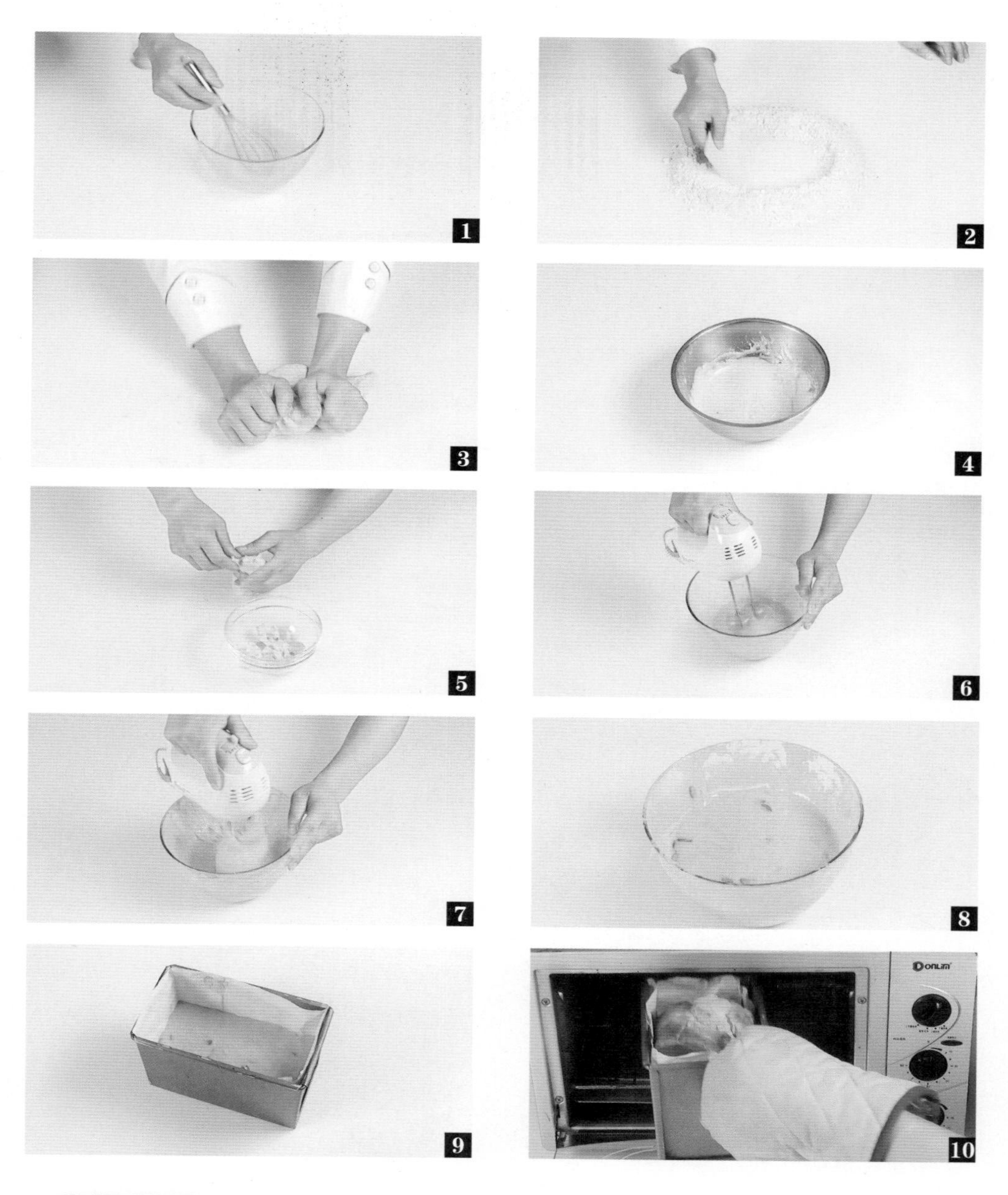

烘焙课堂

制作卡仕达酱的要点在于“慢煮快拌”，即在慢火煮的同时，边煮边快速均匀搅拌，否则会产生颗粒影响顺滑的口感；同时，牛奶和蛋黄的比例、加热的火候和时间、添加配料的不同会使制作出的卡仕达酱在浓稠度和口感上都会大相径庭。

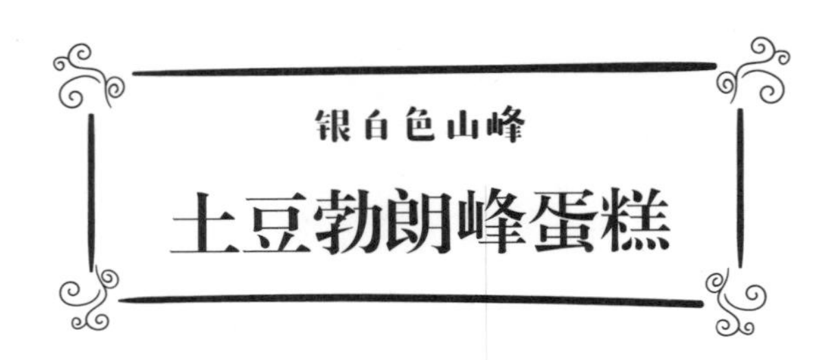

银白色山峰

土豆勃朗峰蛋糕

勃朗峰，是阿尔卑斯山的最高峰，位于法国和意大利这两个美食之国的交界处。法语里，它的寓意是“银白色山峰”，冬日积雪，夏日不化。

我想象着白雪皑皑的勃朗峰，再看看眼前的甜点土豆勃朗峰，突然爱上了这个妙趣横生的名字。细嫩软滑的土豆泥，层层盘绕在蛋糕上，顶端冒着小小的尖儿，可不就像一座微型的雪山？与撒了糖霜的富士山面包，堪称是异曲同工了。

人们经常拿水果来配蛋糕，然而土豆泥的出现，也给了人们不小的惊艳，感觉跟那些“妖艳”的果肉一点都不一样呢。

材料

鸡蛋2个
糖40克
制饼用大米粉40克
黄油15克
鲜奶油165克
熟土豆300克
糖30克
黄油15克
糖浆适量

工具

打蛋器
搅拌碗
筛网
烘焙纸
烤箱
裱花袋
杯子
模具
裱花嘴

做法

1.鸡蛋倒入搅拌碗中打散，倒入40克糖拌匀。

2.打出泡泡，把泡泡舀起来时，泡泡像缎带一样落下去即可。

3.倒进过筛后的制饼用大米粉，搅拌均匀，然后倒入加热好的黄油和15克鲜奶油，搅拌均匀。

4.倒在铺有烘焙纸的模具里，放入预热好的烤箱中，以上、下火180℃烘烤15分钟左右，取出，放至冷却。

5.把熟土豆捣烂，加15克黄油和30克糖拌匀，用筛网过滤；150克生奶油打至七成发，倒入土豆泥拌匀，装入套有裱花嘴的裱花袋里。

6.按杯子大小把蛋糕切好，涂上糖浆后，挤上一点土豆奶油，再加上一块蛋糕，涂上糖浆，挤满土豆奶油就完成了。

烘焙课堂

鲜奶油又称生奶油，是从新鲜牛奶中分离出脂肪的高浓度奶油，呈液态。奶油基本上分为动物奶油和植脂奶油，从口感上来说，动物奶油的口感更好一点，但脂肪含量相对较高。

艺术成型的过程

瑞士水果卷

美好的甜品就像是艺术品，而烘焙的过程就是艺术成型的过程。精雕细琢地去完成一道艺术品，这是一种享受。有一位痴迷到几近偏执的朋友，他会为了一道瑞士水果卷，专门花高价买来足以与它般配的餐碟。他觉得每一种美食都值得拥有一套独特的餐具，当真是把美食当作艺术品来欣赏。

瑞士水果卷本就是既上得了豪华厅堂，也下得了寻常餐桌的甜点。我觉得，每一件艺术品也应该有它的“用武之地”。对一个温暖香甜的水果卷来说，精致的外貌，可口的味道，只有让喜欢它的人细细地品尝，抚慰他们的心，才是它最好的归宿。

蛋黄4个，橙汁50毫升，色拉油40毫升，低筋面粉70克，玉米淀粉15克，蛋清4个，细砂糖40克，动物性淡奶油120毫升，草莓果肉、芒果果肉等各适量

烤箱，打蛋器，玻璃碗，电动打蛋器，长柄刮板，裱花袋，烘焙纸

1.蛋黄、橙汁倒入玻璃碗中搅匀。

2.加入色拉油搅匀，加入低筋面粉和玉米淀粉，搅匀。

3.将蛋清和细砂糖倒入另一玻璃碗中，用电动打蛋器打至硬性发泡，制成蛋白霜。

4.倒一半蛋白霜到搅拌好的蛋黄面粉糊中，翻拌均匀后再倒入剩下的蛋白霜翻拌均匀。

5.倒入垫有烘焙纸的烤盘内，用长柄刮板将表面刮平整。

6.将烤盘放入预热好的烤箱中，以上火170℃、下火160℃烘烤约20分钟至熟，取出放凉。

7.把动物性淡奶油打至硬性发泡，装入裱花袋中，挤在蛋糕中间位置，铺上水果块。

8.用烘焙纸将蛋糕卷起定型，然后撕去烘焙纸，装饰上奶油、水果即可。

1

2

3

4

5

6

7

8

看视频，学烘焙

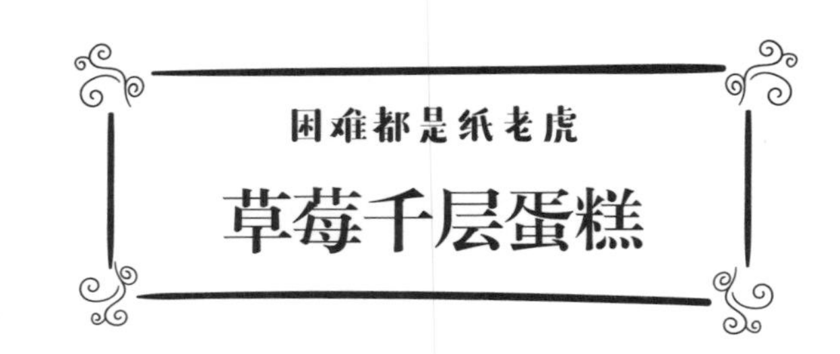

困难都是纸老虎

草莓千层蛋糕

人常常有畏难情绪，下意识地放大眼前的困难。其实如果向前一步，就会发现困难都是纸老虎，我们所面临的任何问题，原来都有解决之道。

千层的工序其实并不难，看着复杂，操作起来却很简单。当然，还得讲究一个熟能生巧的过程才能让千层蛋糕在观赏价值上保持稳定的水准。我见过发挥糟糕的千层蛋糕，摆上桌面不久就塌陷了，像灾难现场一般。

我喜欢千层蛋糕的繁复和漂亮，给人的感觉是饱满富足。一层层中间显现出的草莓果肉，奶白配着绯红，完全天然的色调搭配，淡淡的奶香味和水果香，把食欲都勾出来了。

材料

牛奶375毫升
鲜奶油适量
低筋面粉150克
鸡蛋85克
黄油40克
食用油10毫升
细砂糖25克
草莓片适量

工具

玻璃碗
打蛋器
筛网
煎锅
蛋糕刀
冰箱

做法

1.牛奶、细砂糖倒入玻璃碗中，快速搅拌均匀，倒入食用油，搅拌均匀。

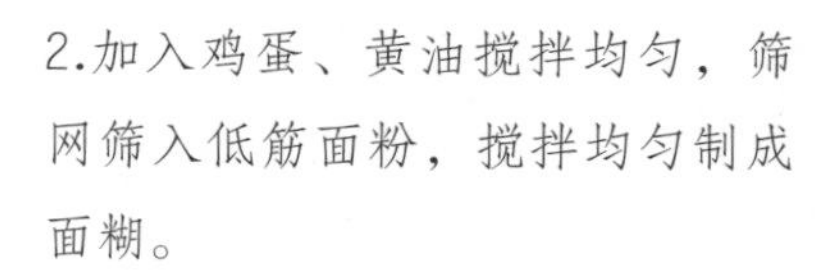

2.加入鸡蛋、黄油搅拌均匀，筛网筛入低筋面粉，搅拌均匀制成面糊。

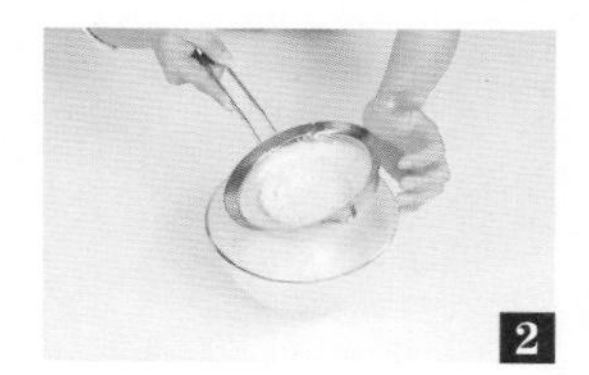

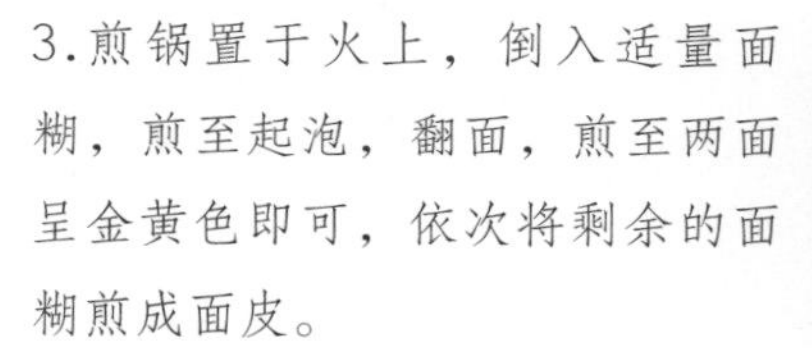

3.煎锅置于火上，倒入适量面糊，煎至起泡，翻面，煎至两面呈金黄色即可，依次将剩余的面糊煎成面皮。

4.将煎好的面皮放在盘子上，抹上适量鲜奶油，放上适量草莓片。

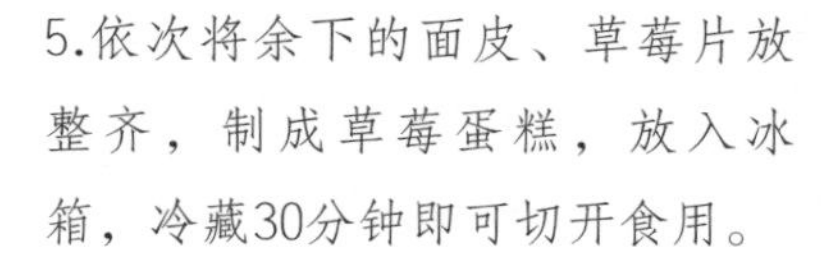

5.依次将余下的面皮、草莓片放整齐，制成草莓蛋糕，放入冰箱，冷藏30分钟即可切开食用。

烘焙课堂

如果没有不粘锅,每做一张饼皮,锅内都需要抹少许油以防粘连。抹奶油时，将贴着锅的那一面朝下，以防受色不均匀而影响成品的美观，每一层奶油的量要抹得尽可能一致，这样可以使做好的蛋糕层与层之间厚薄一致。

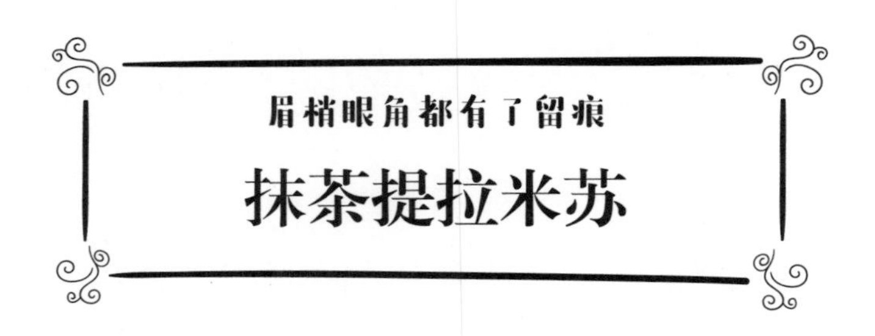

眉梢眼角都有了留痕

抹茶提拉米苏

看视频，学烘焙

很多女孩子喜欢提拉米苏，她们对提拉米苏的幻想超过了我能理解的范围，或许提拉米苏对她们来说是浪漫的象征吧！但对于我来说，一层一层的提拉米苏却如同古树的年轮线。尽管它们没有多大的关联，但像我这种步入中年的人，对层状物多少有点敏感，它总是让我想到年龄和岁月——怕老是人之常情，无论男女。

我们有什么办法留住青春呢？当时间静悄悄地打磨着肌肤，眉梢眼角都有了留痕，我们能做的对抗，就是保持对这个世界的热爱和好奇吧，老则老，但绝不老气横秋。

就像这一款可爱的蛋糕，俏皮的黑樱桃，代表着爱与热情的巧克力，可爱的圆筒，一圈圈切开的不是年轮，是对美食的渴望与追求。

蛋清部分：蛋清60克，白糖60克，塔塔粉1克

蛋黄部分：盐1.5克，蛋黄85克，全蛋60克，色拉油60毫升，低筋面粉80克，奶粉2克，泡打粉2克

抹茶糊：蛋黄25克，白糖40克，水40毫升，抹茶粉10克，明胶粉4克，奶酪200克，牛奶200毫升

打蛋器，电动打蛋器，圆形模具，锅，玻璃碗，蛋糕刀，烤箱，冰箱

physically deman
le to work past 65
workers can start
Security benefits
having a health
getting a job,
of the National E
Employers have a
look healthy. "For those
longer are slim.
at how

做法

1.取一个玻璃碗，加入蛋黄部分的所有材料，用打蛋器搅匀。

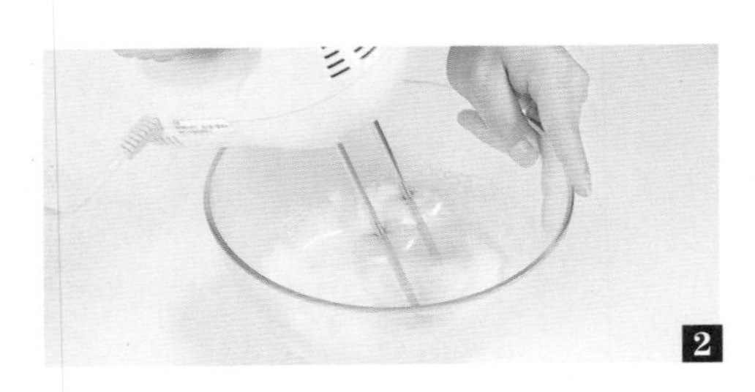

2.把蛋清倒入另一个玻璃碗中，加入白糖，用电动打蛋器打发。

3.加入塔塔粉，搅拌均匀。

4.把蛋清部分倒入蛋黄部分中，用打蛋器搅匀，把混合好的材料倒入圆形模具中。

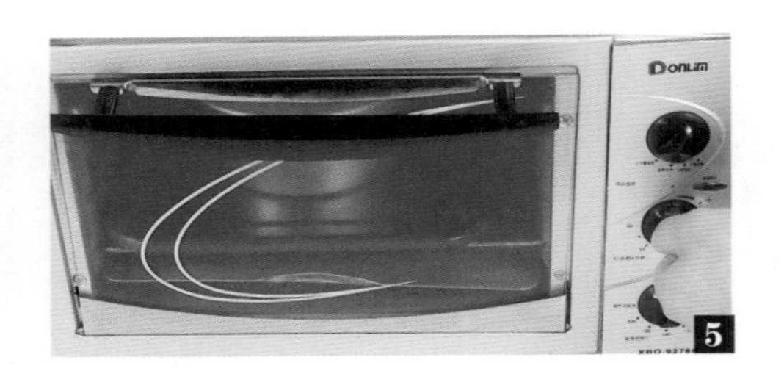

5.将模具放入预热好的烤箱，将上、下火调至170℃，烤20分钟至熟。

6.取出烤好的蛋糕，脱模，切去顶部，将剩余部分平切成两份，备用。

7.取一个锅，倒入水，加入白糖、牛奶，用打蛋器搅拌均匀。

8.放入明胶粉，搅匀，加入奶酪，搅匀，用小火煮融化。

9.放入抹茶粉，搅匀，加入蛋黄，搅匀制成抹茶糊。

10.把一块蛋糕放入模具中，往模具中倒入适量抹茶糊。

11.放入一片蛋糕，再倒入适量抹茶糊，将模具放入冰箱冷冻2小时。

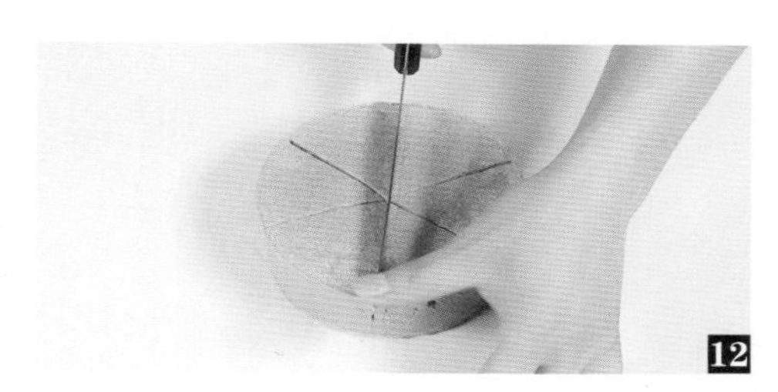

12.取出冷冻好的蛋糕，脱模，用蛋糕刀切成扇形块，装盘即可。

烘焙课堂

打发蛋清的玻璃碗一定要洗干净，无水、无油，这样才能保证蛋清能够成功打发。为了保证蛋清的快速打发，可以分次加入糖，如果一次性加入糖，打发所需要的时间会相对久一点。

看视频，学烘焙

虎皮蛋糕，是烘焙师们想象力的尽情挥发。

我喜欢虎皮蛋糕的虎皮纹路，没有规矩可循，以一缕缕棕色与黄色的姿态，在整个蛋糕表面恣意呈现，盘旋着，满布着，像一幅抽象水墨画。

我们经常拘泥于小节，将自己束缚住，有时真希望能够不顾一切地恣意妄为一番。不必刻意地讨好谁，恰到好处才是最舒服的。你不用多好，我喜欢就好。我也没有多好，但会为了你更好。

材料

蛋黄260克
细砂糖120克
玉米淀粉80克
打发的鲜奶油20克

工具

三角铁板
电动打蛋器
玻璃碗
蛋糕刀
木棍
烘焙纸
烤箱

做法

1.将蛋黄、细砂糖倒入玻璃碗中，用电动打蛋器搅拌均匀。

2.倒入玉米淀粉，用电动打蛋器先拌一下，再快速打发至浓稠状，制成面糊。

3.取一个装有烘焙纸的烤盘，倒入面糊，铺平。

4.将烤盘放入预热好的烤箱，以上火280℃、下火150℃烤3分钟至其呈金黄色，取出，放置片刻至凉。

5.在案台上铺上一张烘焙纸，将蛋糕翻转过来，撕去底部烘焙纸。并用三角铁板在蛋糕表面均匀地抹上打发的鲜奶油。

6.用木棍将烘焙纸卷起，把蛋糕卷成圆筒状，静置5分钟至成型。

7.用蛋糕刀把蛋糕两边不整齐的部分切去。

8.将蛋糕切成大小均等的块状，装入盘中即可。

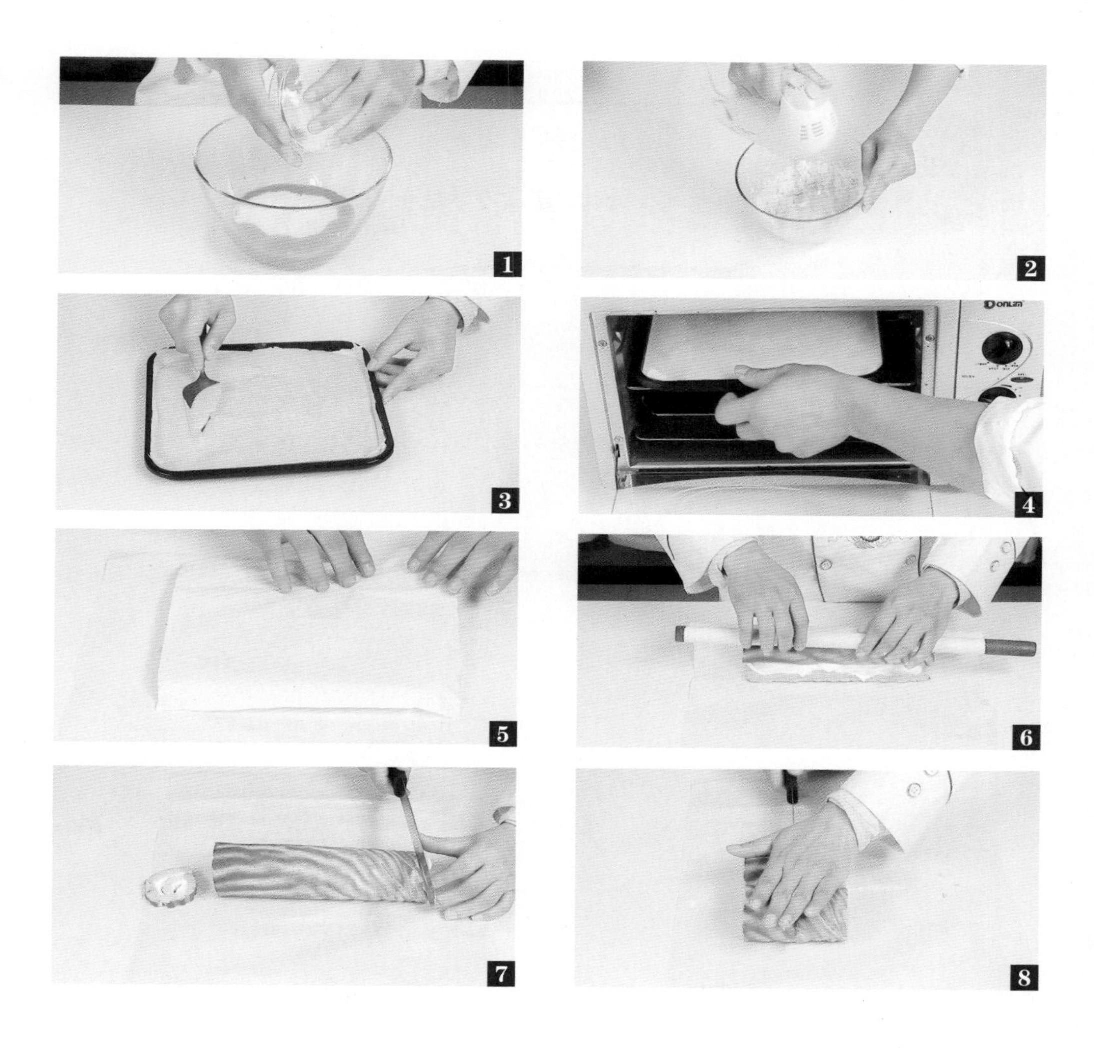

烘焙课堂

蛋糕卷起来不断裂的前提是蛋糕有足够的柔软度。因此烤的时候要注意火候，不能让蛋糕卷烤太长时间，导致水分过度流失，使蛋糕卷变干，不容易卷起来。

看视频，学烘焙

玲珑骰子安红豆

红豆乳酪蛋糕

对红豆的喜爱，除了味道，更多的是情怀。喜欢它的玲珑剔透，喜欢它寓意着“相思”这样美好的情感。尤其是那句“玲珑骰子安红豆，入骨相思知不知”。

你试过相思入骨的感觉吗？想念像是从骨髓里溢出来的，牵连着血肉一样让人发疼。可惜的是，这样的想念，往往是想念无法再见的人吧，说什么念念不忘必有回响，更多也只是一种自我排解与安慰罢了。

红豆作为食材，自有它的醇厚的香，点缀在乳酪蛋糕里如一颗颗小小的红宝石，着实惹人喜爱。它这样浪漫，怪不得古人也要温柔地劝，“愿君多采撷，此物最相思”。

材料

芝士250克

鸡蛋3个

细砂糖20克

酸奶75毫升

黄油25克

红豆粒80克

低筋面粉20克

糖粉适量

工具

长柄刮板

筛网

锅

电动打蛋器

玻璃碗

烘焙纸

蛋糕刀

烤箱

做法

1.将芝士倒入碗中，放到锅中隔水加热至融化，取出，然后用电动打蛋器搅拌均匀。

2.加入细砂糖、黄油、鸡蛋，搅匀。

3.倒入低筋面粉，搅拌均匀。

4.放入酸奶、红豆粒，搅拌均匀，倒入垫有烘焙纸的烤盘中，用长柄刮板抹平。

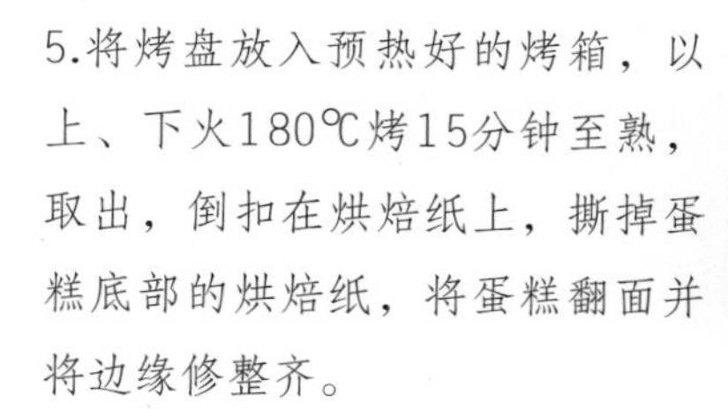

5.将烤盘放入预热好的烤箱，以上、下火180℃烤15分钟至熟，取出，倒扣在烘焙纸上，撕掉蛋糕底部的烘焙纸，将蛋糕翻面并将边缘修整齐。

6.将蛋糕切成长约4厘米、宽约2厘米的块，装入盘中，筛上适量糖粉即可。

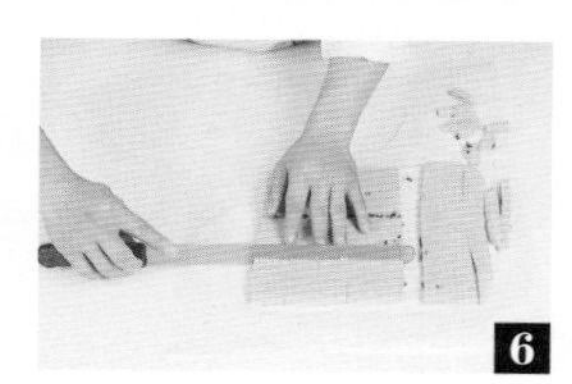

烘焙课堂

低筋面粉加入蛋糊中时，最好要过筛，这样蛋糕会比较蓬松且没有颗粒。如果家中没有低筋面粉，可以用普通面粉和生粉以7：3的比例来混合。

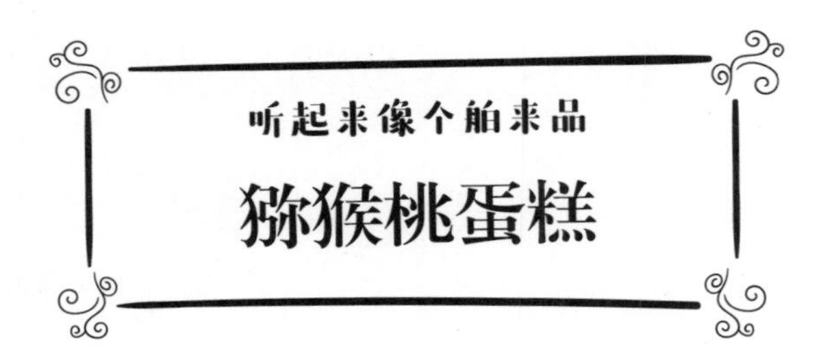

听起来像个舶来品

猕猴桃蛋糕

看视频，学烘焙

猕猴桃又叫奇异果，听起来像个舶来品，其实原产地还真是在中国。

我曾在一个县里，见过大面积的猕猴桃生产基地，著名的“柳桃”基地也在那里。猕猴桃又分为红心、黄心和绿心，细分更是品种各异。

把猕猴桃去皮切薄，摆在精美的蛋糕上方，这价值又不一样了。不同的位置决定了不同的价值，不止是猕猴桃，人也是如此吧。

材料

鸡蛋1个
猕猴桃2个
杏仁片适量
打发的植物鲜奶油200克
糖粉少许
低筋面粉70克
玉米淀粉55克
水70毫升
食用油55毫升
细砂糖125克
泡打粉5克

工具

刮刀
电动打蛋器
打蛋器
转盘
裱花嘴
裱花袋
筛网
模具
玻璃碗
蛋糕刀
抹刀
剪刀
烤箱

做法

1.取两个玻璃碗，分别打入蛋黄、蛋白，备用。
2.将低筋面粉、玉米淀粉、2克泡打粉过筛至装有蛋黄的玻璃碗中，拌匀。
3.倒入水、食用油、28克细砂糖，用打蛋器拌匀至无颗粒即成蛋黄糊。
4.用电动打蛋器将蛋白打至发泡，倒入97克细砂糖，拌匀。
5.将3克泡打粉倒入碗中，打发至鸡尾状，即成蛋白糊。
6.将适量的蛋白糊倒入蛋黄糊中，用刮刀搅拌均匀，再倒入剩余的蛋白糊中，搅拌均匀成面糊，倒入模具中，放入烤箱，以上火180℃、下火160℃烤25分钟至熟。
7.把烤好的蛋糕放到转盘中央，横向将蛋糕对半切开，留一块在转盘上，倒上打发的植物鲜奶油，转动转盘并用抹刀将鲜奶油抹平。
8.盖上另一块蛋糕，再放上适量植物鲜奶油，抹平使表面光滑，在蛋糕的周边下方均匀地沾上适量杏仁片。
9.用剪刀剪去裱花袋的尖端，装上裱花嘴并装入适量植物鲜奶油，在蛋糕上挤出数个鲜奶油花朵，撒上杏仁片，放上切好的猕猴桃片，最后筛上少许糖粉即可。

烘焙课堂

猕猴桃含有丰富的维生素C，可强化免疫系统，促进伤口愈合；它所富含的肌醇及氨基酸，可抑制抑郁症，补充脑力所消耗的营养细胞；猕猴桃低钠高钾，可补充熬夜加班所失去的体力。

重芝士蛋糕，是一道让人又爱又恨的甜品。爱，因为它确实美味，恨，因其热量着实惊人。对想减肥的人来说，这满满的芝士味道，当真是撩人也杀人的芳香。

怎么撩人呢？很多人都是一步步缓慢地被吸引，最后掉入芝士蛋糕的温柔陷阱里。从刚一接触的轻乳酪，到顶级浓郁的重芝士，爱好者已经越陷越深，不可自拔了。

先是经不住诱惑，一整块芝士蛋糕全部吃掉，然后又开始扼腕后悔——哪怕啥也不再吃，今天摄入的热量也大大超标了。不过，那又怎样呢？美味就是王道啊。

饼底：无盐黄油75克，低筋面粉100克，糖粉19克

芝士层：芝士250克，白砂糖75克，全蛋液50毫升，粟粉10克，淡奶油175毫升

玻璃碗，白纸，蛋糕模具，刮刀，牙签，火枪，打蛋器，烤箱，钢盆，筛网，冰箱

做法

饼底：1.无盐黄油倒入玻璃碗中翻拌，倒入糖粉搅拌均匀，倒入低筋面粉翻拌均匀。

2.倒入垫有白纸的烤盘中按成饼底，放入烤箱以上火190℃、下火170℃烤17分钟。

芝士层：3.芝士倒进钢盆中隔水加热至手指能戳一个洞时，倒入玻璃碗中，搅拌均匀。

4.分次倒入白砂糖，搅打均匀。

5.全蛋液打散，倒入芝士糊中搅拌均匀。

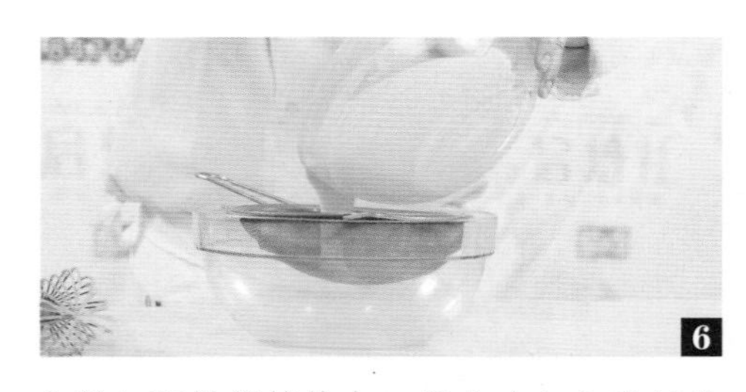

6.倒入粟粉搅拌均匀，再分次加入淡奶油继续搅拌，倒入筛网中过筛，放置一旁。

7.取出烤好的饼底，将白纸剥掉，用手掰碎饼底，倒进蛋糕模具中，用刮刀压实饼底。

8.将搅拌均匀的芝士糊倒在饼底上，用牙签将小泡划破。

9.在垫有抹布的案台上轻震蛋糕模具，把表面震平。

10.将模具放入盛有水的烤盘上，放进烤箱，以上火150℃、下火130℃烤25分钟。

11.取出烤好的芝士放凉，放入冰箱中冷冻12小时，取出。

12.蛋糕模倒扣在转盘上，用火枪烧底部，取出蛋糕，稍加装饰即可。

烘焙课堂

芝士蛋糕又称奶酪蛋糕。芝士蛋糕根据芝士含量的多少，分为轻芝士、中芝士、重芝士蛋糕。一般轻芝士蛋糕的奶酪含量较少，口感偏清爽；而重芝士蛋糕含有丰富的芝士，口感细腻浓郁。

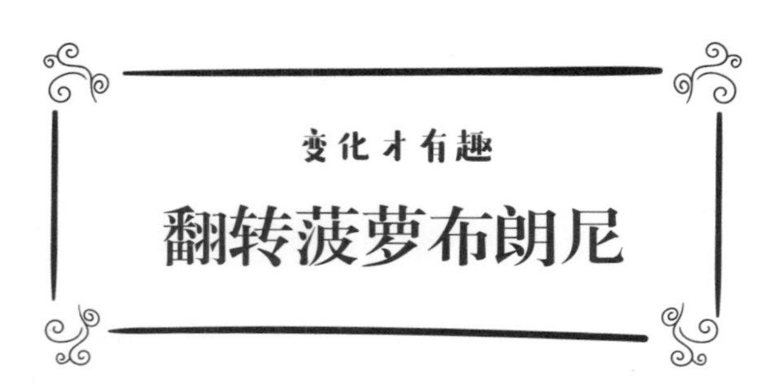

变化才有趣

翻转菠萝布朗尼

看电影的时候，最喜欢看到剧情忽然反转，人物忽然逆袭。因为变化才有趣啊，变化越大，越出乎意料，越能挑战人的神经，让人兴奋，结束了都意犹未尽，跟人聊起来眉飞色舞。

翻转蛋糕令人着迷的地方，也是“翻转”这个有趣的过程。本来在底部的菠萝，经过倒扣，到了表面，赤裸裸地诱惑着我们。不仅如此，红糖和菠萝的香味，在烤箱里相互渗透、融合，化为一体，又被黄油蛋糕统统吸收，那股浓郁的口感，在所有甜品里也算是独树一帜。

所以，翻转吧，菠萝！

翻转菠萝层：菠萝片50克，红糖40克，黄油25克

巧克力蛋糕层：中筋面粉90克，黄油55克，菠萝丁60克，红糖60克，全蛋液50毫升，可可粉5克，泡打粉2.5克，小苏打1.25克

玻璃碗，打蛋器，蛋糕模具，勺子，电动打蛋器，烤箱，白纸板

做法

翻转菠萝层：1.将25克黄油、40克红糖倒入玻璃碗中，用打蛋器搅至湿润糊状。

2.在蛋糕模具内壁涂抹一层黄油，倒入红糖糊，用勺子抹平。

3.在红糖糊上平铺上菠萝片，放置一旁，备用。

巧克力蛋糕层：4.将55克黄油、60克红糖倒入玻璃碗中，用电动打蛋器搅拌均匀，分次倒入全蛋液，继续搅匀至混合物的颜色变浅，状态膨松。

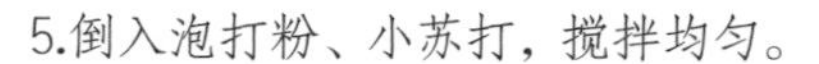

5.倒入泡打粉、小苏打，搅拌均匀。

6.倒入可可粉，搅拌均匀，然后再分次倒入中筋面粉，搅拌均匀制成蛋糕糊。

7.将60克菠萝丁倒进蛋糕糊中搅拌匀，倒入蛋糕模具中六七分满，用勺子抹平。

8.将生坯放入预热好的烤箱，以上火170℃、下火150℃烤23分钟，取出，倒扣在白纸板上，脱模即可。